# 生物化学实验方法与技术指导

主 编 白 莉 那治国
副主编 杨 阳 王雪飞

黑龙江大学出版社
HEILONGJIANG UNIVERSITY PRESS
哈尔滨

**图书在版编目（CIP）数据**

生物化学实验方法与技术指导 / 白莉，那治国主编
. -- 哈尔滨 ：黑龙江大学出版社，2018.8（2022.7重印）
ISBN 978-7-5686-0279-2

Ⅰ．①生… Ⅱ．①白… ②那… Ⅲ．①生物化学－化
学实验－教学参考资料 Ⅳ．① Q5-33

中国版本图书馆 CIP 数据核字（2018）第 200281 号

生物化学实验方法与技术指导
SHENGWU HUAXUE SHIYAN FANGFA YU JISHU ZHIDAO
主　编　白　莉　那治国
副主编　杨　阳　王雪飞

责任编辑　高　媛
出版发行　黑龙江大学出版社
地　　址　哈尔滨市南岗区学府三道街 36 号
印　　刷　天津创先河普业印刷有限公司
开　　本　787 毫米 ×1092 毫米　1/16
印　　张　9
字　　数　181 千
版　　次　2018 年 8 月第 1 版
印　　次　2022 年 7 月第 3 次印刷
书　　号　ISBN 978-7-5686-0279-2
定　　价　26.00 元

# 前　　言

生物化学实验是食品学科、生物学科重要的实验课程,在专业课的学习中占有十分重要的地位。它从专业特点出发,结合实际需要,不仅帮助学生理解所学内容,而且更重要的是使学生在智能和技能两方面都有提高。生物化学实验课程的主要目的是通过实验培养学生的动手能力,同时也加强学生的综合分析能力和实践创新能力,使理论与实践相结合,为今后的学习和工作奠定基础。

本书分为基础性实验、综合性实验、研究性实验,设计性实验四部分。

基础性实验是最基本的、最能代表学科特点的实验方法和技术。通过学习,学生应掌握相应的基本知识、基本技能,为综合性实验奠定基础。

综合性实验由多种实验手段与技术和多层次的实验内容组成,整个实验涵盖了基础实验中所有的仪器和思维方式,是对基础性实验的有效总结。

研究性实验通过实验过程回答学生感兴趣的问题,激发学生的好奇心,培养他们进行科学探究的能力。

设计性实验是在完成基础性实验和综合性实验的基础上,以相应学科的研究为主,并结合其他学科的知识技术,由学生自己设计实验方案,开展科学研究,撰写科学研究论文,使学生获得科学研究的初步训练,为撰写毕业论文打下基础的实验。部分优秀课程研究论文可进一步深化、充实,作为毕业论文参加答辩。

本书适合应用型本科院校生物化学实验教学,它是根据能力技能指标编写而成的。本书尽管在课程设置上、教学改革上做了相应努力,但是由于编者水平有限,肯定会存在许多纰漏或错误,欢迎读者批评指正。

本书编者分工如下:白莉负责第一部分基础性实验中实验十四到实验十八、第二部分综合性实验、第四部分设计性实验中实验三十三的撰写,共计5.3万字左右。那治国负责第一部分基础性实验中实验一到实验十三、第四部分设计性实验中实验三十四的撰写,共计5万字左右。杨阳负责第一部分基础性实验中实验十九到实验二十、第三部分研究性实验、第四部分设计性实验中实验三十五的撰写，共计 5 万字左右。王雪飞负责前言、附录、参考文献的撰写，共计 2.8 万字左右。

编　者

2018 年 4 月

# 目　　录

# 第一部分
# 基础性实验

# 实验一 蛋白质的性质实验

## 【目的要求】

1. 学习几种常用的鉴定氨基酸和蛋白质的方法及原理。

2. 了解学习蛋白质的两性解离性质。初步学会蛋白质等电点的测定方法。

3. 对蛋白质胶体分子稳定因素有更深的认识，了解蛋白质的变性作用、沉淀反应的原理及其之间的关系。

## 【基本原理】

### 1. 氨基酸及蛋白质的呈色反应

蛋白质所含的某些氨基酸具有特殊的结构，可以和某些试剂进行反应，生成有色物质。

（1）双缩脲反应

将尿素加热到 180 ℃ 左右时，两分子尿素缩合会释放出一分子氨，从而形成双缩脲，双缩脲在碱性条件下能和 $Cu^{2+}$ 结合进而生成复杂的紫红色化合物，这种反应称为双缩脲反应。

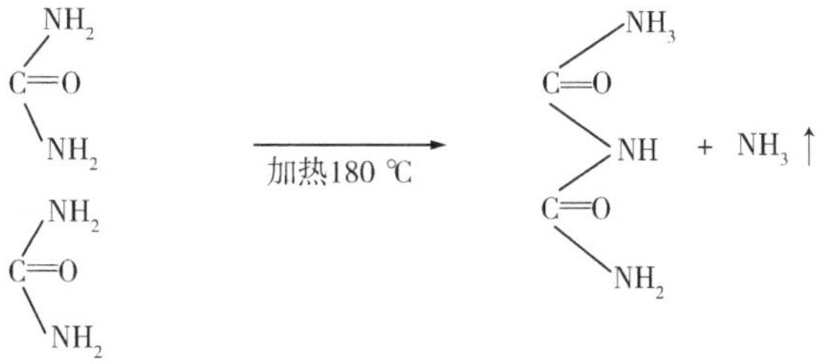

所有含有两个或两个以上肽键的化合物都能发生该反应。在蛋白质或二肽以上的多肽分子中，也含有多个与双缩脲结构相似的肽键，因此也能发生双缩脲反应，可用该方法鉴定蛋白质的存在或测定蛋白质的含量。

（2）茚三酮反应

各种氨基酸、蛋白质、多肽能发生茚三酮反应。除了无 α – 氨基的脯氨酸和羟脯氨酸呈黄色外，其他的氨基酸呈紫红色，最终生成蓝色化合物。除各种氨基酸、蛋白质、多肽能进行茚三酮反应外，β – 丙氨酸、氨和许多一级胺都能发生该反应。该反应灵敏度可达 1:1 500 000（pH = 5 ~ 7）。该反应现在已经广泛地应用于氨基酸定量测定中。

（3）黄色反应

所有含有苯基的化合物都能和浓硝酸反应生成黄色化合物。含有酪氨酸和色氨酸的蛋白质分子及芳香族氨基酸能发生此反应。苯丙氨酸很难发生反应,需要添加少量浓硫酸才会发生黄色反应。

**2. 蛋白质两性反应及其等电点的测定**

氨基酸和蛋白质一样是两性电解质。溶液的酸碱度调节到一定时,蛋白质分子所带的正负电荷相等,以兼性离子状态存在,在电场内此蛋白质分子不向阳极或阴极移动,此时溶液的 pH 值被称为该蛋白质的等电点(pI)。在溶液的 pH 值低于蛋白质等电点的时候,也就是在 $H^+$ 较多的条件下,蛋白质分子带有正电荷变成阳离子,在溶液的 pH 值高于等电点的时候,也就是在 $OH^-$ 较多的条件下,蛋白质分子带有负电荷变成阴离子。

$$
\underset{\substack{\text{阴离子}\\ pH > pI}}{P\!\!\!\diagup^{COO^-}_{\diagdown NH_2}}
\xrightleftharpoons[+OH^-]{+H^+}
\underset{\substack{\text{两性离子}\\ pH = pI}}{P\!\!\!\diagup^{COO^-}_{\diagdown NH_3^+}}
\xrightleftharpoons[+OH^-]{+H^+}
\underset{\substack{\text{阳离子}\\ pH < pI}}{P\!\!\!\diagup^{COOH}_{\diagdown NH_3^+}}
$$

根据蛋白质在不同 pH 值的溶液中形成的浑浊度来确定该蛋白质的等电点,在等电点时蛋白质溶解度最小,最容易形成沉淀析出。

**3. 蛋白质的沉淀反应**

由于蛋白质分子能形成双电层和水化层,所以才能形成稳定的胶体颗粒。但是蛋白质胶体颗粒的稳定性是有一定条件的,是相对的。在一定的物理化学因素的影响下,蛋白质胶体颗粒脱水、失去电荷,甚至变性而丧失稳定因素,并且以固态形式从溶液中析出,这种作用被称为蛋白质的沉淀反应。该反应可分为两种类型。

（1）可逆沉淀反应

在发生沉淀反应的时候,蛋白质虽已经沉淀析出,但蛋白质分子的内部结构并没有发生显著的变化,一般保持原有的性质。沉淀因素被除去后,蛋白质沉淀可以溶于原来的溶剂中。该沉淀反应被称为可逆沉淀反应,属于该类反应的有盐析作用,以及在低温条件下,丙酮或乙醇对蛋白质的短时间作用以及等电点沉淀等。用大量的中性盐让蛋白质从溶液中析出的过程叫作蛋白质的盐析作用。蛋白质是亲水胶体,当在高浓度中性盐的影响下,蛋白质分子被盐脱去水化层,同时,蛋白质分子所带的电荷也被中和,蛋白质胶体稳定性受到破坏而造成沉淀析出。沉淀析出的蛋白质依旧保持着其天然蛋白质的性质,如果降低盐的浓度,它还能溶解。

沉淀不同的蛋白质所需要中性盐的种类、浓度也不同,所以在不同的条件下,采用不同浓度的盐类可以将各种蛋白质从混合溶液中分别析出,该方法称为蛋白质的分级盐析。该方法在酶的生产和制备等工作中被广泛应用。

（2）不可逆的沉淀反应

在发生沉淀反应的时候,蛋白质的空间构象、分子内部结构遭到破坏,使其失去天然蛋白质的性质,此时蛋白质已发生变性。变性后的蛋白质沉淀不可以再溶解于原来的溶液中,该沉淀反应被称为不可逆的沉淀反应。生物碱试剂、重金属盐、过碱、过酸、振荡、超声波、加热、有机溶剂等都能够让蛋白质产生不可逆的沉淀反应。

重金属盐容易与蛋白质结合生成稳定的沉淀而析出。蛋白质在水溶液中属于两性电解质,在碱性溶液中（相对于蛋白质等电点而言）,蛋白质分子带有负电荷,可以与带正电荷的金属离子（如 $Pb^{2+}$、$Cu^{2+}$、$Hg^{2+}$、$Fe^{3+}$、$Zn^{2+}$）结合形成盐。在有机体内,蛋白质通常以其可溶性的钾盐或钠盐存在,当加入铜、铅、汞、银等重金属盐时,蛋白质则形成不溶性的盐类而沉淀。处理后的蛋白质沉淀不再溶解在水中,说明它已经发生了变性。重金属盐沉淀蛋白质的反应一般很完全。因此,在生化分析中,通常使用重金属盐除去液体中的蛋白质;临床上使用蛋白质解决重金属盐食物性中毒。但应注意的是,过量的硫酸铜或醋酸铅可使沉淀的蛋白质再次溶解。

蛋白质在有机酸的作用下带正电荷,与酸根的负电荷结合形成溶解度很小的盐类而沉淀。磺基水杨酸和三氯乙酸最有效,可以将血清等生物体液中的蛋白质完全去除,因此得到广泛的应用。

## 【试剂及器材】

### 1. 试剂

（1）卵清蛋白溶液:用蒸馏水稀释 5 mL 鸡蛋清至 100 mL,均匀搅拌,用 4～8 层的纱布过滤,新鲜配制。

（2）0.5% 酪蛋白（用 0.01 mol·L⁻¹ NaOH 作为溶剂）。

（3）酪蛋白 - NaAc 溶液:称取 0.25 g 的纯酪蛋白,加 1.00 mol·L⁻¹ NaOH 溶液 5 mL（必须准确）及蒸馏水 20 mL。摇晃使酪蛋白溶解。然后加入 5 mL（必须准确）1.00 mol·L⁻¹ NaAc,倒入 50 mL 蒸馏瓶内,用蒸馏水稀释至刻度,混匀,酪蛋白会溶于 0.10 mol·L⁻¹ NaAc 溶液内,酪蛋白的浓度为 0.5% 。

（4）蛋白质 - NaCl 溶液:称取 20 mL 鸡蛋清,加 100 mL 饱和 NaCl 溶液和 200 mL 蒸馏水,充分搅匀后,用纱布滤去不溶物（加入 NaCl 的目的是溶解球蛋白）。

（5）0.3% 酪氨酸,0.3% 色氨酸,0.5% 甘氨酸。

（6）双缩脲试剂,尿素,浓硝酸,0.1% 茚三酮乙醇溶液,10% NaOH。

（7）0.01 mol·L⁻¹ HAc,0.10 mol·L⁻¹ HAc, 0.02 mol·L⁻¹ HCl,0.02 mol·L⁻¹ NaOH, 0.01% 溴甲酚绿指示剂,1.00 mol·L⁻¹ HAc。

（8）2% 硝酸银,饱和硫酸铵溶液, 0.1% 硫酸铜溶液,饱和硫酸铜溶液,硫酸铵粉末,10%三氯乙酸。

**2. 器材**

滤纸、移液管、酒精灯、滴管、试管、试管架、玻璃漏斗、电热恒温水浴锅。

## 【操作步骤】

### 1. 双缩脲反应

称取少量尿素(结晶),加入干燥的试管中。用微火加热至尿素熔化。停止加热,当熔化的尿素开始硬化时,尿素放出氨并形成双缩脲。冷却后,加入 10 滴双缩脲试剂,混匀,观察颜色的变化。

加入卵清蛋白溶液 1 mL,再加入 5 滴双缩脲试剂于另一支试管内,混匀,观察颜色变化。

### 2. 茚三酮反应

取 2 支干净试管,分别加入 0.5% 甘氨酸溶液和卵清蛋白溶液 4 滴,再加入 2 滴 0.1% 茚三酮乙醇溶液,混匀后在沸水浴中加热 1～2 min,观察颜色变化,并比较氨基酸和蛋白质呈色深浅。

### 3. 黄色反应

按照表 1－1 分别向 6 支试管中加入相应试剂,微火加热(不必沸腾),观察颜色变化。再滴加 10% NaOH 溶液使其呈碱性,观察颜色变化。

表 1－1　试剂加入的量

| | 管号 | | | | | |
|---|---|---|---|---|---|---|
| | 1 | 2 | 3 | 4 | 5 | 6 |
| | 卵清蛋白 | 0.3%酪氨酸 | 0.3%色氨酸 | 5%苯酚 | 指甲 | 头发 |
| 样品/滴 | 4 | 4 | 4 | 4 | 少许 | 少许 |
| 浓硝酸/滴 | 2 | 2 | 2 | 2 | 20 | 20 |

### 4. 蛋白质的两性反应

(1)加入 1 mL 0.5% 酪蛋白和 5～7 滴 0.01% 溴甲酚绿指示剂(变色范围是 pH = 3.8～5.4,在酸性溶液中呈黄色,在碱性溶液中呈蓝色)于 1 支试管中,混匀,观察溶液的颜色。

(2)用滴管缓慢加入 0.02 mol·L$^{-1}$ HCl 溶液,边加边摇,直至有大量沉淀产生,观察溶液颜色的变化并说明原因。

(3)继续滴入 0.02 mol·L$^{-1}$ HCl 溶液,观察沉淀和溶液颜色的变化并说明原因。

(4)最后再缓慢滴入 0.02 mol·L$^{-1}$ NaOH 溶液,观察沉淀和溶液颜色的变化并说明原因。

**5. 测定酪蛋白的等电点**

取 9 支试管编号后,按表 1-2 顺序准确加入试剂,加入每种试剂后混匀。

表 1-2 试剂加入的量及 pH 值

| 试剂 | 管号 | | | | | | | | |
|---|---|---|---|---|---|---|---|---|---|
| | 1 | 2 | 3 | 4 | 5 | 6 | 7 | 8 | 9 |
| 蒸馏水/mL | 2.4 | 3.2 | — | 2.0 | 3.0 | 3.5 | 1.5 | 2.8 | 3.4 |
| 1.00 mol·L⁻¹ HAc/mL | 1.6 | 0.8 | — | — | — | — | — | — | — |
| 0.10 mol·L⁻¹ HAc/mL | — | — | 4.0 | 2.0 | 1.0 | 0.5 | — | — | — |
| 0.01 mol·L⁻¹ HAc/mL | — | — | — | — | — | — | 2.5 | 1.3 | 0.6 |
| 酪蛋白-NaAc/mL | 1.0 | 1.0 | 1.0 | 1.0 | 1.0 | 1.0 | 1.0 | 1.0 | 1.0 |
| 溶液的最终 pH 值 | 3.5 | 3.8 | 4.1 | 4.4 | 4.7 | 5.0 | 5.3 | 5.6 | 5.9 |
| 沉淀出现情况 | | | | | | | | | |

静置约 20 min,仔细观察每支试管内的浑浊度,以 −、+、+ +、+ + +、+ + + + 符号表示沉淀的多少。依照观察结果,指出 pH 值为多少时是酪蛋白的等电点。

**6. 蛋白质的盐析作用（选做）**

取 1 支试管,加入 3 mL 蛋白质-NaCl 溶液和 3 mL 饱和硫酸铵溶液,混匀,静置 10 min,则球蛋白沉淀析出。向过滤后的滤液中加入硫酸铵粉末,边加边用玻璃棒搅拌,直至粉末不再溶解,析出的沉淀为清蛋白。静置,弃上清液,取部分清蛋白沉淀加水稀释,观察它是否溶解。

**7. 重金属沉淀蛋白质（选做）**

取 2 支干净试管,各加入约 1 mL 的卵清蛋白溶液,再分别加入 0.1% 硫酸铜溶液及 2% 硝酸银溶液 1 滴,观察沉淀的生成。

向第 2 支试管中加入过量的饱和硫酸铜溶液,观察沉淀的再溶解。

**8. 有机酸沉淀蛋白质（选做）**

加入卵清蛋白溶液（约 0.5 mL）于 1 支试管中,然后滴加 10% 三氯乙酸溶液数滴,观察沉淀的生成。

## 【结果计算】

指出酪蛋白的等电点,并解释出现各种现象的原因。

## 【注意事项】

各种试剂要添加准确,并将各种试剂混匀,防止出现不均匀的现象。

**【思考题】**

1. 若蛋白质水解作用一直进行到双缩脲反应都呈阴性结果,请解释出现这种结果的原因。

2. 茚三酮反应的阳性结果是否通常为同一色调?若不是,原因是什么?

3. 蛋白质的溶解度在等电点时为什么是最低的?

4. 在蛋白质分子中有哪些基团可以与重金属离子作用,从而使蛋白质产生沉淀?有哪些基团可以与无机酸、有机酸作用而使蛋白质产生沉淀?

# 实验二　蛋白质含量测定

## ——考马斯亮蓝 G－250 法

### 【目的要求】

学习和掌握考马斯亮蓝 G－250 法测定蛋白质含量的原理和方法。

### 【基本原理】

蛋白质含量的测定方法多种多样,如凯氏定氮法、双缩脲法、紫外吸收法、福林－酚法、考马斯亮蓝 G－250 法等,每一种方法都有自己的优缺点。考马斯亮蓝 G－250 法属于染料结合法的一种,该反应非常灵敏,可测微克级蛋白质含量。考马斯亮蓝 G－250 在游离状态下为红色,465 nm 波长下有最大吸光度;当它与蛋白质结合后变成亮蓝色,595 nm 波长下有最大吸光度。在一定蛋白质的浓度范围内($0 \sim 1\ 000 \mu g \cdot mL^{-1}$),蛋白质－考马斯亮蓝结合物在波长 595 nm 下,吸光度与蛋白质浓度或含量成正比,因此可以用于测定蛋白质的含量。蛋白质与考马斯亮蓝 G－250 的结合反应十分迅速,会在 2 min 左右达到平衡,其结合物在 1 h 内的室温下保持稳定。

### 【试剂及器材】

**1. 材料**

绿豆芽。

**2. 试剂**

(1)$1\ 000\ \mu g \cdot mL^{-1}$牛血清白蛋白:准确称取 100 mg 牛血清白蛋白,溶于 100 mL 蒸馏水中。

(2)考马斯亮蓝 G－250:将 100 mg 考马斯亮蓝 G－250 溶于 50 mL 的 95% 乙醇中,再加入 85% 磷酸 100 mL,最后用蒸馏水定容至 1 000 mL。室温下可放置一个月。

(3)95% 乙醇。

(4)85% 磷酸。

**3 器材**

离心机、紫外－可见分光光度计、烧杯、电子天平、研钵、吸量管(1 mL、5 mL)、具塞刻度试管(10 mL)、容量瓶(100 mL)。

## 【操作步骤】

### 1. 0 ~ 100 μg·mL$^{-1}$蛋白质 - 考马斯亮蓝结合物标准曲线的制作

取 6 支 10 mL 具塞刻度试管,按表 2 - 1 数据配制 0 ~ 100 μg·mL$^{-1}$牛血清白蛋白溶液各 1 mL。

表 2 - 1 标准曲线的制作

| | 管号 | | | | | |
|---|---|---|---|---|---|---|
| | 1 | 2 | 3 | 4 | 5 | 6 |
| 1 000 μg·mL$^{-1}$牛血清白蛋白量/mL | 0 | 0.02 | 0.04 | 0.06 | 0.08 | 0.10 |
| 蒸馏水量/mL | 1.00 | 0.98 | 0.96 | 0.94 | 0.92 | 0.90 |
| 蛋白质浓度/(μg·mL$^{-1}$) | 0 | 20 | 40 | 60 | 80 | 100 |

在蛋白质溶液中加入考马斯亮蓝 G - 250 试剂 5 mL,盖塞。将试管中的溶液纵向倒转混合。放置 2 min,用 10 mm 光径的比色杯在 595 nm 下测定吸光度。以蛋白质浓度为横坐标,蛋白质 - 考马斯亮蓝结合物的吸光度为纵坐标,绘制标准曲线。

### 2. 样品提取液中蛋白质浓度测定

取新鲜绿豆芽下胚轴 2 g,将其放入研钵中,加入 2 mL 的蒸馏水研磨成匀浆,转移至 100 mL 的离心管中,然后以 50 mL 蒸馏水分两次洗涤研钵,洗液收于同一离心管中,放置 20 min,充分提取。然后 4 500 r·min$^{-1}$离心 10 min,弃去下部沉淀,上清液转移至 100 mL 容量瓶中,用蒸馏水定容至刻度,待测。

吸取 1 mL 提取液,加入 5 mL 考马斯亮蓝 G - 250 试剂,盖塞,颠倒混合,放置 2 min 后用 10 mm 光径的比色杯在 595 nm 下测吸光度,并通过标准曲线查得提取液蛋白质的浓度。

## 【结果计算】

$$样品蛋白质含量(μg·g^{-1},鲜重) = \frac{c(μg·mL^{-1}) \times 取样体积(mL) \times 稀释倍数}{样品重(g)}$$

$c$——查标准曲线所得提取液中蛋白质的浓度,单位为 μg·mL$^{-1}$。

## 【注意事项】

蛋白质 - 考马斯亮蓝结合物在室温下 1 h 内保持稳定,超时会发生降解,所以测定吸光度的过程要尽量在半小时之内完成,而且需要多次测定取平均值。

## 【思考题】

考马斯亮蓝 G - 250 法测蛋白质含量的注意事项和应用范围。

# 实验三 双缩脲法测定蛋白质含量

## 【目的要求】

学习并掌握双缩脲法测定蛋白质浓度的方法和原理。

## 【基本原理】

有两个或两个以上肽键(—CO—NH—)的化合物都能发生双缩脲反应,在碱性溶液中蛋白质和 $Cu^{2+}$ 反应产生紫色物质,该反应与两个尿素分子缩合成的双缩脲

($H_2N—\overset{O}{\overset{\|}{C}}—NH—\overset{O}{\overset{\|}{C}}—NH_2$)在碱性溶液中和 $Cu^{2+}$ 作用生成紫红色物质的反应相似,所以称为双缩脲反应。这种紫红色物质在 540 nm 处有最大吸光度。在一定的浓度范围之内,双缩脲反应所呈的颜色深浅与蛋白质浓度成正比,可以使用比色法定量测定。

双缩脲法常用于需要快速但不需要十分精确的测定。硫酸铵不会干扰该呈色反应,但 $Cu^{2+}$ 容易被还原,有时还会出现红色沉淀。

## 【试剂及器材】

**1. 双缩脲试剂**

溶解 1.50 g 五水硫酸铜($CuSO_4 \cdot 5H_2O$)和 6.0 g 酒石酸钾钠(罗谢尔盐,$NaKC_4H_4O_6 \cdot 4H_2O$)于 500 mL 水中,边搅拌边加入 300 mL 10% 氢氧化钠溶液,用水稀释至 1 L,贮存在内壁涂以石蜡的瓶中。该试剂可长期保存,以备使用。

**2. 标准牛血清白蛋白溶液**

浓度为 5 $mg \cdot mL^{-1}$ 的牛血清白蛋白溶液,用 0.05 $mol \cdot L^{-1}$(将 2 g 氢氧化钠溶于 1 L 水中)氢氧化钠溶液配制。

**3. 未知液**

可以使用酪蛋白配制,未知液浓度为 0.5 ~ 5 $mg \cdot mL^{-1}$。

**4. 器材**

8 支 1.5 cm × 15 cm 试管,1 个试管架,吸量管(3 支 5 mL、1 支 2 mL、1 支 1.0 mL),S22PC 型分光光度计。

## 【操作步骤】

### 1. 标准曲线的绘制

取 6 支干净试管,并且分别加入 0 mL、0.4 mL、0.8 mL、1.2 mL、1.6 mL、2.0 mL 的标准蛋白溶液(牛血清白蛋白溶液),用水加至 2 mL,然后加入双缩脲试剂 4 mL,在室温条件下(15~25 ℃)放置 30 min,在 540 nm 波长下,用分光光度计进行比色测定。最后用吸光度作为纵坐标,以蛋白质的含量作为横坐标,绘制标准曲线,作为定量依据。

### 2. 未知样品蛋白质浓度的测定

吸取待测液 1 mL,用水加至 2 mL,操作同上,平行做两组,各管同时比色,比色后在标准曲线中查出其蛋白质的浓度。绘制标准曲线时,各物质的加入量如表 3 - 1 所示。

表 3 - 1   绘制标准曲线

| | 编号 | | | | | |
|---|---|---|---|---|---|---|
| | 6 | 1 | 2 | 3 | 4 | 5 |
| 加入蛋白质的量/mL | 0 | 0.4 | 0.8 | 1.2 | 1.6 | 2.0 |
| 加入水的量/mL | 2.0 | 1.6 | 1.2 | 0.8 | 0.4 | 0 |
| 浓度/(mg·mL$^{-1}$) | 0 | 1.0 | 2.0 | 3.0 | 4.0 | 5.0 |
| 双缩脲试剂/mL | 4.0 | 4.0 | 4.0 | 4.0 | 4.0 | 4.0 |
| 吸光度 | | | | | | |

## 【结果计算】

蛋白质含量(mg) = 蛋白质浓度(mg·mL$^{-1}$) × 体积(mL) × 稀释倍数

## 【注意事项】

注意反应时间要充分,防止出现反应不完全的现象。

## 【思考题】

1. 怎样选择未知样品的用量?
2. 为什么作为标准的蛋白质一定要用凯氏定氮法测定纯度?
3. 对于作为标准的蛋白质有什么样的要求?

# 实验四　酪蛋白的制备

## 【目的要求】

学习并掌握从牛乳中制备酪蛋白的原理和方法。

## 【基本原理】

酪蛋白是牛乳中主要的蛋白质,每 100 mL 牛乳中约含 35 g。酪蛋白是一些含磷蛋白质的混合物,等电点为 4.7。利用等电点时溶解度最低的原理,将牛乳的 pH 值调至 4.7 时,大多数酪蛋白就会沉淀下来。将沉淀物用乙醇洗涤出来,去除脂类杂质后就得到较为纯净的酪蛋白。

## 【试剂及器材】

**1. 材料**

牛奶。

**2. 试剂**

(1)无水乙醚。

(2)95% 乙醇。

(3)3 000 mL 0.2 mol·L$^{-1}$ pH = 4.7 的乙酸 – 乙酸钠缓冲液。先配制 A 液与 B 液。

A 液:0.2 mol·L$^{-1}$ 乙酸钠溶液,将 54.44 g 的 NaAc·3H$_2$O 定容至 2 000 mL。

B 液:0.2 mol·L$^{-1}$ 乙酸溶液,将 12.0 g 的优级纯乙酸(含量大于 99.8%)定容至 1 000 mL。

分别取 A 液 1 770 mL,B 液 1 230 mL,混合得 pH = 4.7 的乙酸 – 乙酸钠缓冲液 3 000 mL。

(4)乙醇 – 乙醚混合液:乙醇:乙醚 = 1:1(体积比)。

**3. 器材**

精密 pH 试纸和酸度计,烧杯,抽滤装置,离心机,电热恒温水浴锅。

## 【操作步骤】

1. 将牛乳、pH = 4.7 的乙酸 – 乙酸钠缓冲液在电热恒温水浴锅内预热至 40 ℃,并且不断地搅拌,缓慢混合 40 mL 牛乳、40 mL pH = 4.7 的乙酸 – 乙酸钠缓冲液。用精密 pH 试纸准确调至 pH = 4.7。

2. 将上述悬浮液室温静置 5 min,然后 4 500 r·min$^{-1}$ 离心 6 min,弃去上清液,得到蛋白质粗制品。

3. 用 30 mL 蒸馏水搅拌洗涤沉淀 1 次,4 500 r·min$^{-1}$离心 6 min,弃去上清液。

4. 用 15 mL 乙醇搅拌洗涤沉淀 1 次,4 500 r·min$^{-1}$离心 6 min,弃去上清液。

5. 再用乙醇－乙醚混合液搅拌洗涤沉淀两次,第一次洗完后,4 500 r·min$^{-1}$离心 6 min,获得沉淀,第二次洗完后用布氏漏斗抽滤获得沉淀。

6. 将沉淀摊开在表面皿上,电热鼓风干燥箱内 65 ℃干燥 5 min,得到纯品酪蛋白。

7. 准确称量所获得的蛋白质粉末的质量(差量法)。

## 【结果计算】

$$酪蛋白含量 = 酪蛋白质量(g)/100 \ mL \ 牛乳$$

$$得率 = \frac{实验测量}{理论含量} \times 100\% \ (理论含量为每 100 \ mL \ 牛乳含 3.5 \ g \ 酪蛋白)$$

## 【注意事项】

防止缓冲液被污染或添加量不足,造成反应体系的 pH 值不稳定。

## 【思考题】

分析讨论影响酪蛋白得率的各项因素。

# 实验五　氨基酸的分离鉴定

## ——纸层析法

### 【目的要求】

通过学习氨基酸的分离,了解并掌握纸层析法的基本原理及操作方法。

### 【基本原理】

纸层析法是以滤纸为惰性支持物的分配层析法。层析溶剂由水和有机溶剂组成。用 Rf 值(比移值)来表示物质被分离后在纸层析图谱上的位置。

$$Rf = 原点到层析点中心的距离/原点到溶剂前沿的距离$$

在一定的条件下,某种物质的 Rf 值是常数。Rf 值的大小与物质的性质、结构、层析滤纸的质量、层析温度和溶剂系统等因素有关。本实验利用纸层析法分离氨基酸。

### 【试剂及器材】

**1. 扩展剂**

它是 1 份乙酸和 4 份水饱和的正丁醇的混合物。将 5 mL 乙酸和 20 mL 正丁醇放入分液漏斗中,与 15 mL 水混合,并充分振荡,静置分层后放出下层的水层。取漏斗内约 5 mL 的扩展剂置于小烧杯中作为平衡溶剂,其余的倒入培养皿中备用。

**2. 氨基酸溶液**

0.5% 赖氨酸、0.5% 脯氨酸、0.5% 亮氨酸、0.5% 苯丙氨酸、0.5% 缬氨酸溶液及它们的混合液各 5 mL。

**3. 显色剂**

50～100 mL 0.1% 水合茚三酮正丁醇溶液。

**4. 器材**

喷雾器,培养皿,层析缸,层析滤纸(新华一号),毛细管。

### 【操作步骤】

1. 将装有平衡溶剂的小烧杯置于密闭的层析缸中。

2. 取层析滤纸(长 22 cm、宽 14 cm)一张。在纸的一端距边缘 2～3 cm 处用铅笔画一条直线,在该直线上每间隔 2 cm 作一记号。

3. 点样:将各氨基酸样品用毛细管分别点在这 6 个位置上,干后再点一次。每点在纸上扩散的直径最大不可以超过 3 mm。

4.扩展:将滤纸用线缝成筒状,纸的两边不能接触。将盛有约 20 mL 扩展剂的培养皿迅速放于密闭的层析缸中,并将滤纸直立于培养皿中(点样一端在下,扩展剂的液面需低于点样线 1 cm)。待溶剂上升 15～20 cm 时取出滤纸,用吹风机热风吹干或自然干燥。

5.显色:用喷雾器均匀喷上 0.1% 水合茚三酮正丁醇溶液后,用热风吹干或放置烘箱中烘烤 5 min(100 ℃)即可显示出各层析斑点。

## 【结果计算】

计算各种氨基酸的 Rf 值。

## 【注意事项】

注意各种氨基酸点样量要均匀一致,防止造成误差。

## 【思考题】

1.什么是纸层析法?

2.什么是 Rf 值? 可以影响 Rf 值的主要因素是什么?

3.怎样可以制备扩展剂?

4.层析缸中平衡溶剂的作用是什么?

# 实验六　蛋白质的透析

## 【目的要求】

学习透析的基本原理和操作。

## 【基本原理】

蛋白质是一种大分子物质,它不能透过透析膜,但小分子物质可以自由透过。

在分离、提纯蛋白质的过程中,通常利用透析的方法使蛋白质和其中夹杂的小分子物质分开。

## 【试剂及器材】

### 1. 试剂

蛋白质的氯化钠溶液:3 个鸡蛋蛋清与 300 mL 饱和氯化钠溶液及 700 mL 水混合后,用数层干纱布过滤。

10% 氢氧化钠溶液、1% 硫酸铜溶液、10% 硝酸溶液、1% 硝酸银溶液。

### 2. 器材

玻璃纸或透析管、试管及试管架、玻璃棒、电磁搅拌器、烧杯。

## 【操作步骤】

1. 用蛋白质溶液进行双缩脲反应。

2. 装 10 ~ 15 mL 蛋白质溶液于火棉胶制成的透析管中,并将它们放在盛有蒸馏水的烧杯中(或装蛋白质溶液于玻璃纸上,之后扎成袋形,系于一玻璃棒上,将玻璃棒横放在烧杯上)。

3. 大约 1 h 后,从烧杯中取 1 ~ 2 mL 水,加数滴 10% 硝酸溶液使之变为酸性,再加入 1 ~ 2 滴 1% 硝酸银溶液(检查氯离子的存在)。

4. 从烧杯中另取水 1 ~ 2 mL,进行双缩脲反应,检查是否有蛋白质存在。

5. 不断更换烧杯中的蒸馏水(用电磁搅拌器不断搅动蒸馏水)以加速透析过程。数小时后烧杯中的水检不出氯离子。此时停止透析并检查透析管中的内容物是否有氯离子或蛋白质的存在(此时应该观察到透析管中球蛋白沉淀的出现,因为球蛋白不溶于纯水)。

## 【结果计算】

通过观察沉淀,定性判断蛋白质析出,通过双缩脲试剂定量计算出蛋白质含量。

## 【注意事项】

在装袋的过程中,不要装得过满,防止在透析的过程中涨袋,造成实验失败。

## 【思考题】

透析的原理是什么? 还可以利用透析的方法分离哪些物质?

# 实验七　糖的呈色反应和还原糖的检验

## 【目的要求】

1. 学习区分酮糖和醛糖及鉴定糖类的方法。
2. 学习并掌握鉴定还原糖的原理及方法。

## 【基本原理】

**1. 莫氏(Molisch)反应(又名紫环反应,鉴别所有糖类物质的反应)**

糖经浓无机酸(硫酸、盐酸)脱水产生糠醛或糠醛衍生物,它们在无机酸的作用下,可以与 α - 萘酚产生紫红色缩合物。

**2. 塞氏(Seliwanoff)反应(鉴别酮糖的特殊反应)**

酮糖在浓酸的作用下,脱水生成 4 - 羟甲基糠醛,后者和间苯二酚作用,产生红色反应,有时也同时生成棕色沉淀,此沉淀可溶于乙醇,呈鲜红色。

**3. 杜氏(Tollen)反应(鉴别戊糖的特殊反应)**

戊糖在浓酸溶液中脱水生成糠醛,后者与间苯三酚结合产生深红色物质。

**4. 还原糖的鉴定**

费林(Fehling)试剂和本尼迪克特(Benedict)试剂(曾称班氏试剂)均为含 $Cu^{2+}$ 的碱性溶液,可使具有酮基或自由醛的糖氧化,其本身被还原成砖红色的 $Cu_2O$ 沉淀。该法常用作还原糖的定性或定量测量。

$$CuSO_4 + NaOH + 酒石酸钾钠 \longrightarrow 还原糖 + Cu_2O \downarrow$$
$$CuSO_4 + Na_2CO_3 + 柠檬酸钠 \longrightarrow 还原糖 + Cu_2O \downarrow$$

## 【试剂及器材】

**1. 试剂**

(1)Molisch 试剂:将称取的 5 g α - 萘酚溶于 95% 乙醇中,并用此乙醇稀释至 100 mL。需现用现配,并贮存于棕色瓶中。

(2)Seliwanoff 试剂:溶解 50 mg 间苯二酚于 100 mL 盐酸($H_2O$:HCl = 2:1,体积比)中,临用时配制。

(3)Tollen 试剂:2% 间苯三酚 - 乙醇(95%)溶液 3 mL,缓缓加入浓盐酸 15 mL 及蒸馏水 9 mL,临用时配制。

(4)1% 淀粉溶液:称取 1 g 可溶性淀粉与少量冷蒸馏水混合成浆糊状物,然后缓缓倒入沸蒸馏水,边加边搅,最后用沸蒸馏水稀释至 100 mL。

（5）2% 蔗糖溶液、2% 果糖溶液、2% 葡萄糖溶液、2% 阿拉伯糖溶液、2% 半乳糖溶液。

（6）Fehling 试剂:试剂 A 是将 34.5g 五水硫酸铜($CuSO_4 \cdot 5H_2O$)溶于 500 mL 蒸馏水中。试剂 B 是将 137 g 酒石酸钾钠和 125 g 氢氧化钠溶于 500 mL 蒸馏水中。用时将试剂 A 与 B 等量混合。

Benedict 试剂:将 50 g 无水碳酸钠及 85 g 柠檬酸钠($Na_3C_6H_5O_7 \cdot 2H_2O$)溶于 400 mL 蒸馏水中,另将 8.5 g 硫酸铜溶于 50 mL 热水中。把硫酸铜溶液缓缓倒入柠檬酸钠 – 碳酸钠溶液中,边加边搅,如有沉淀可以过滤,此混合溶液可长期使用。

（7）浓 $H_2SO_4$。

**2. 器材**

试管及试管架、胶头滴管、吸量管(1 mL 和 2 mL)。

## 【操作步骤】

**1. 莫氏反应**

取 3 支已标号的试管,放入蔗糖溶液、葡萄糖溶液、淀粉溶液各 15 滴,再加入 Molisch 试剂 2 滴,混匀(Molisch 试剂垂直加入被测试糖液中,勿接触管壁,否则与浓 $H_2SO_4$ 反应生成绿色物质将掩盖紫环)。倾斜试管分别沿管壁缓慢加入浓硫酸 1 mL(切勿振摇),小心竖直试管,使糖液和硫酸清楚地分为两层,观察交界处颜色变化。

**2. 塞氏反应**

取 3 支已标号的试管,放入蔗糖溶液、果糖溶液、葡萄糖溶液各 4 滴,再加入 Seliwanoff 试剂 1 mL,混匀,同时置沸水浴中。比较各管红色出现的先后次序及颜色变化,记录各管变色的时间。

**3. 杜氏反应**

取 2 支已标号试管,各加 Tollen 试剂 1 mL,再加入阿拉伯糖溶液、葡萄糖溶液各 1 滴,混匀,同时置于沸水浴中,观察并记录颜色变化及变化的时间。

**4. 还原糖的鉴定**

（1）取 3 支已标号试管,各加 Fehling 试剂 A 及 B 1 mL,混匀,分别加入淀粉溶液、葡萄糖溶液和蔗糖溶液各 1 mL,同时放入沸水浴中加热 2 min,取出冷却后,观察各试管中的变化。

（2）取 3 支已标号试管,各加 Benedict 试剂 2 mL,分别加入蔗糖溶液、葡萄糖溶液和淀粉溶液各 4 滴,沸水浴中煮 2 min,取出冷却后,观察颜色的变化。

## 【结果计算】

记录实验现象。

## 【注意事项】

注意每个操作试剂的添加顺序,必要时要混匀各试剂。

## 【思考题】

1.应用莫氏反应和塞氏反应分析未知样品时,应注意些什么问题?
2.举例说明哪些糖属于还原糖?

# 实验八　还原糖和总糖的测定

## 【目的要求】

1. 掌握总糖和还原糖定量测定的基本原理。
2. 学习比色定糖法的基本操作。

## 【基本原理】

各种单糖和绝大多数双糖都是还原糖,蔗糖和淀粉属于非还原糖,利用它们溶解度的不同,可以将植物样品中的单糖、双糖和多糖提取出来,再用酸水解法使没有还原性的双糖和多糖彻底水解成还原糖。

在碱性条件下,3,5 - 二硝基水杨酸(DNS)与还原糖反应生成 3 - 氨基 - 5 - 硝基水杨酸(棕红色物质),其在 540 nm 波长下有最大吸光度。在一定的浓度范围内,棕红色物质颜色的深浅程度与还原糖的量成一定的比例,可以在分光光度计 540 nm 波长下测定棕红色物质的吸光度,查标准曲线并计算,可求出样品中还原糖的含量。多糖酸水解时,一分子单糖残基上加了一分子水,生成一分子还原性单糖,用同样的方法可测定出多糖水解后生成还原糖的量,在计算中需要扣除加入的水量,测定所得的总还原糖量乘以 0.9 即为实际的总糖量。

## 【试剂及器材】

### 1. 试剂

(1)1 mg·mL$^{-1}$ 葡萄糖标准溶液:用少量蒸馏水溶解 100 mg 分析纯葡萄糖(预先在 150 ℃干燥至恒重),定量移入 100 mL 容量瓶中,用蒸馏水定容至刻度,摇匀,冰箱中保存备用。

(2)DNS 试剂:称取 262 mL 2 mol·L$^{-1}$ NaOH 溶液和 6.3 g 3,5 - 二硝基水杨酸,加入含有 185 g 酒石酸钾钠的 500 mL 热的水溶液中,再加入 5 g 结晶酚和 5 g 亚硫酸钠,搅拌溶解,冷却后用蒸馏水定容至 1 000 mL,贮存于棕色瓶中,备用。

(3)碘 - 碘化钾溶液:将准确称取的 5g 碘和 10 g 碘化钾溶于 100 mL 蒸馏水中,制得所需溶液。

(4)酚酞指示剂:将准确称取的 0.1 g 酚酞溶于 250 mL 70% 乙醇中,制得所需溶液。

(5)1 mol·L$^{-1}$ HCl、6 mol·L$^{-1}$ NaOH。

**2. 器材**

25 mL 刻度试管,100 mL 烧杯,容量瓶(50 mL、100 mL),吸量管(1 mL、2 mL、5 mL),电热恒温水浴锅,电炉,离心机,天平,分光光度计,比色盘,抽滤装置。

## 【操作步骤】

### 1. 制作葡萄糖标准曲线

将已编号的 7 支 25 mL 刻度试管,按表 8 - 1 所示的量,准确加入浓度为 1 mg · mL$^{-1}$ 的 3,5 - 二硝基水杨酸试剂和葡萄糖标准溶液。

表 8 - 1　标准曲线的制作

| 试剂 | 管号 | | | | | | |
|---|---|---|---|---|---|---|---|
| | 0 | 1 | 2 | 3 | 4 | 5 | 6 |
| 葡萄糖标准溶液/mL | 0 | 0.2 | 0.4 | 0.6 | 0.8 | 1.0 | 1.2 |
| 蒸馏水/mL | 2.0 | 1.8 | 1.6 | 1.4 | 1.2 | 1.0 | 0.8 |
| DNS 试剂/mL | 1.5 | 1.5 | 1.5 | 1.5 | 1.5 | 1.5 | 1.5 |

将各管混匀,置于沸水浴中加热 5 min,取出后立即置于盛有冷水的烧杯中,冷却至室温,然后以蒸馏水定容至 25 mL 刻度处,用橡皮塞塞住管口,颠倒混匀。用 0 号管做空白对照,在 540 nm 波长下,分别读出 1~6 号管的吸光度。吸光度作为纵坐标,葡萄糖浓度作为横坐标,绘制标准曲线。

### 2. 样品中还原糖量和总糖量的测定

(1)样品中还原糖的提取:准确称取 3 g 食用面粉于 100 mL 的烧杯中,先以 8 mL 蒸馏水调成糊状,然后加 50 mL 蒸馏水,搅匀,置于 50 ℃ 电热恒温水浴锅中保温 20 min,让还原糖浸出。然后 4 500 r · min$^{-1}$ 离心 10 min,上清液再转入 100 mL 的容量瓶中,用 20 mL 蒸馏水洗涤沉淀,上清液转入同一容量瓶中,定容至容量瓶刻度,作为还原糖的待测液。

(2)样品中总糖的水解和提取:称取 1 g 面粉于 25 mL 刻度试管中,加入 15 mL 蒸馏水及 10 mL 1 mol · L$^{-1}$ HCl,混匀,于沸水浴中加热水解 30 min。取 2 滴水解液于比色盘上,加碘 - 碘化钾溶液 1 滴,检查水解是否完全(水解完全,不显蓝色)。待刻度试管中水解液冷却后,加入酚酞指示剂 2 滴,用 6 mol · L$^{-1}$ NaOH 调至微红色,抽滤,滤液移入 100 mL 容量瓶中,用蒸馏水定容。吸取 5 mL 定容过的水解液,转移到 50 mL 的容量瓶中,用蒸馏水定容,作为总糖的待测液。

(3)比色:将已编号的 2 支 25 mL 刻度试管,按表 8 - 2 所示的量,准确加入试剂,其余操作均与制作葡萄糖标准曲线的操作相同,测定各管吸光度。

表 8 – 2　试剂加入量

| 试剂 | 管号 | |
| --- | --- | --- |
| | 还原糖测定管 1 | 总糖测定管 2 |
| 还原糖待测液/mL | 2 | 0 |
| 总糖待测液/mL | 0 | 1 |
| 蒸馏水/mL | 0 | 1 |
| DNS 试剂/mL | 1.5 | 1.5 |

## 【结果计算】

根据管 1、管 2 的吸光度,在标准曲线上查出相应的还原糖浓度,按下式计算出样品中还原糖和总糖的百分含量。

$$还原糖百分含量 = \frac{c_1 \times 取样体积 \times 稀释倍数}{样品质量} \times 100\%$$

$c_1$——查曲线所得的还原糖浓度。

$$总糖百分含量 = \frac{c_2 \times 取样体积 \times 稀释倍数}{样品质量} \times 0.9 \times 100\%$$

$c_2$——查曲线所得水解后还原糖浓度。

## 【注意事项】

DNS 试剂要与样品混匀后加热,控制好加热时间。

## 【思考题】

分析讨论操作过程对测定结果的影响。

# 实验九 卵磷脂的提取和鉴定

## 【目的要求】

1. 了解并熟记卵磷脂的性质。
2. 学习提取卵磷脂粗品的方法。

## 【基本原理】

卵磷脂在脑、神经组织、肾上腺、肝脏和红细胞中含量较多,在蛋黄中含量特别多,卵磷脂易溶于乙醇、氯仿、乙醚和二硫化碳中,但不溶于丙酮,利用后一性质可以与中性脂肪分离。

新提取的卵磷脂为白色蜡状物,与空气接触后所含的不饱和脂肪酸被氧化而呈黄褐色,卵磷脂中的胆碱基在碱性溶液中分解成三甲胺,三甲胺有特殊的鱼腥味,可以鉴别。

## 【试剂及器材】

**1. 试剂**

丙酮、95％乙醇、10％ NaOH。

**2. 器材**

烧杯,玻璃棒,漏斗,电热恒温水浴锅,电子天平,试管,量筒(10 mL、25 mL),胶头滴管。

## 【操作步骤】

1. 提取:取鸡蛋黄约 5 g,放入 100 mL 小烧杯内,加入 15 mL 预热到 50 ℃的 95％乙醇溶液,并同时搅拌,冷却后过滤,平均加入两支干燥试管内。如滤液混浊,重滤,直到完全透明,将滤液在沸水浴上蒸干。

2. 三甲胺实验:取以上制得的卵磷脂,加入 10％ NaOH 溶液 2 mL,并在 50 ℃水浴上加热。卵磷脂分解生成胆碱,胆碱在碱的作用下,形成三甲胺(注意三甲胺的鱼腥味)。

3. 另取一些卵磷脂溶于 1 mL 乙醇中,添加丙酮 2 mL 左右,观察变化。

## 【结果计算】

观察卵磷脂的生成。

**【注意事项】**

做三甲胺实验和丙酮实验时,尤其是丙酮实验,卵磷脂尽量多取,否则实验效果不是非常明显。

**【思考题】**

为什么添加丙酮后会有卵磷脂析出?

# 实验十 脂肪酸的 β - 氧化

## 【目的要求】

1. 理解脂肪酸的 β - 氧化作用。
2. 了解测定丙酮酸含量的原理。

## 【基本原理】

脂肪酸 β - 氧化是脂类分解代谢的重要途径,在动物肝脏中进行。脂肪酸经 β - 氧化作用生成乙酰辅酶 A。2 分子乙酰辅酶 A 可以缩合生成乙酰乙酸,乙酰乙酸可经脱羧作用生成丙酮,也可还原生成 β - 羟丁酸。β - 羟丁酸、丙酮和乙酸乙酯统称为酮体。

$$2NaOH + I_2 \longrightarrow NaIO + NaI + H_2O \qquad (1)$$

$$CH_3COCH_3 + 3NaIO \longrightarrow CH_3I(碘仿) + CH_3COONa + 2NaOH \qquad (2)$$

剩余的碘,可用标准 $Na_2S_2O_3$ 溶液滴定。

$$NaIO + NaI + 2HCl \longrightarrow I_2 + 2NaCl + H_2O \qquad (3)$$

$$I_2 + 2Na_2S_2O_3 \longrightarrow Na_2S_4O_6 + 2NaI \qquad (4)$$

由(1)、(2)、(3)、(4)的化学方程式可得出:

$$CH_3COCH_3 \sim 3NaIO \sim 3I_3 \sim 6Na_2S_2O_3$$

因此,每消耗 1 mol 的 $Na_2S_2O_3$,相当于生成了 1/6 mol 的丙酮;根据滴定样品与滴定对照所消耗的 $Na_2S_2O_3$ 溶液体积之差,可计算出丁酸氧化生成丙酮的量。

## 【试剂及器材】

**1. 试剂**

10% NaOH 溶液、0.5 mol·L$^{-1}$ 丁酸溶液、10% 盐酸溶液、0.5% 淀粉溶液、0.9% NaCl 溶液、15% 三氯乙酸溶液。

0.1 mol·L$^{-1}$ 碘溶液:称取碘 12.7 g 和碘化钾 25 g,溶于蒸馏水中,稀释到 1 000 mL,混匀,用 0.05 mol·L$^{-1}$ 标准 $Na_2S_2O_3$ 溶液标定。

0.01 mol·L$^{-1}$ 标准 $Na_2S_2O_3$ 溶液:临用时将已标定的 0.05 mol·L$^{-1}$ $Na_2S_2O_3$ 溶液稀释至 0.01 mol·L$^{-1}$。

1/15 mol·L$^{-1}$ pH = 7.6 磷酸缓冲液:86.8 mL 1/15 mol·L$^{-1}$ $NaHPO_4$ 溶液与 13.2 mL 1/15 mol·L$^{-1}$ $NaH_2PO_4$ 溶液混合。

### 2. 器材

电热恒温水浴锅,5 mL 微量滴定管,移液管,剪刀及镊子,匀浆器,50 mL 锥形瓶,漏斗,滤纸。

## 【操作步骤】

### 1. 肝糜制备

将家兔的颈部放血,处死,取出肝脏,加 0.9% NaCl 溶液,研磨成细浆。再加 0.9% NaCl 溶液至 10 mL,得肝糜。

### 2. 酮体的生成和沉淀蛋白质

取两只50 mL 锥形瓶,编号,一个为正常样本,另一个为对照,并按表10-1操作。

表 10-1  加入试剂的量(1)

| 试剂 | 锥形瓶编号 | |
| --- | --- | --- |
| | 1 号(样品) | 2 号(对照) |
| 1/15 mol·L⁻¹ pH = 7.6 磷酸缓冲液/mL | 3 | 3 |
| 0.5 mol·L⁻¹ 丁酸溶液/mL | 2 | — |
| 肝糜/mL | 2 | 2 |
| | 混匀,置43 ℃电热恒温水浴锅内保温 1.5 h | |
| 15% 三氯乙酸溶液/mL | 3 | 3 |
| 0.5 mol·L⁻¹ 丁酸溶液/mL | — | 2 |
| | 混匀,静置 15 min,过滤,滤液分别收集在两只试管中 | |

### 3. 酮体的测定

另取 50 mL 锥形瓶两只,按表10-2操作。

表 10-2  加入试剂的量(2)

| 试剂 | 锥形瓶编号 | |
| --- | --- | --- |
| | A 瓶(样品) | B 瓶(对照) |
| 1 号瓶滤液/mL | 2 | — |
| 2 号瓶滤液/mL | — | 2 |
| 肝糜/mL | 3 | 3 |
| 0.1 mol·L⁻¹ 碘溶液 | 3 | 3 |
| | 摇匀,静置 10 min | |
| 10% 盐酸溶液/mL | 3 | 3 |
| 0.5% 淀粉溶液/滴 | 3 | 3 |

混匀后立即用 $0.01\ mol \cdot L^{-1}$ 标准 $Na_2S_2O_3$ 溶液滴定剩余的碘,滴至浅黄时,分别记录滴定 A 瓶与 B 瓶溶液所用 $Na_2S_2O_3$ 溶液的体积,并按照下式计算样品中的丙酮含量。

## 【结果计算】

$$肝脏的丙酮含量(mmol \cdot g^{-1}) = (V_{对照} - V_{样品}) \times c_{Na_2S_2O_3} \div 6$$

式中:

$V_{对照}$——滴定对照所消耗的 $0.01\ mol \cdot L^{-1}\ Na_2S_2O_3$ 溶液的体积;

$V_{样品}$——滴定样品所消耗的 $0.01\ mol \cdot L^{-1}\ Na_2S_2O_3$ 溶液的体积;

$c_{Na_2S_2O_3}$——标准 $Na_2S_2O_3$ 溶液的浓度。

## 【注意事项】

1. 所用材料必须新鲜,以保证肝脏细胞内酶的活性;肝组织要在冰浴中研磨成细浆。

2. 在 43 ℃电热恒温水浴锅内保温,其目的是在酶的作用下让丁酸充分反应;三氯乙酸的作用是使肝脏匀浆的蛋白质、酶变性,发生沉淀并终止反应。

3. 为减少误差,应尽量缩短滴定样品瓶和对照瓶的时间间隔;滴定终点均为浅黄色,滴定结束后样品瓶和对照瓶的溶液颜色一致。

## 【思考题】

β - 氧化在机体内有何重要意义?

# 实验十一　胡萝卜素的测定

## ——色谱分离法

## 【目的要求】

1. 掌握胡萝卜素的测定原理和方法。
2. 掌握吸附层析的原理和技术。

## 【基本原理】

层析技术是一种物理的分离方法,也叫色谱分离法。层析按原理可分为吸附层析、分配层析、离子交换层析、凝胶层析、亲和层析等。无论何种层析系统都是由互不相溶的两个相组成的,一个相是固定相(由固体或吸附在固体上的液体组成),另一个相是流动相(液体或气体组成)。

吸附层析法是指待分离的混合物随流动相流经固定相吸附剂时,由于吸附剂对不同组分的吸附能力不同,而使混合物分离的方法。吸附过程是一个不断地吸附与解析附的过程。该层析方法以吸附剂为固定相,以适当的洗脱剂为流动相,待分离物中的各溶质随流动相(洗脱剂)流经固定性(吸附剂)时,由于吸附剂对各溶质有不同程度的吸附,所以溶质会以不同的速度随流动相移动,达到分离的目的。吸附作用很小的物质移动速度快,洗脱时间短。吸附作用大的物质移动速度慢,洗脱时间长。

胡萝卜素依据结构差异可分为 α 胡萝卜素、β 胡萝卜素和 γ 胡萝卜素,它是主要的维生素 A 原。它可溶于乙醇、石油醚和丙酮中,因此可用以上溶剂进行提取,而其他色素(叶绿素、叶黄素、番茄红素等)也可溶于以上溶剂中,所以必须利用一定的吸附剂将提取液中的色素吸附掉,再用石油醚等有机溶剂才能把胡萝卜素洗脱出来。在450 nm 下测定洗脱液的吸光度,并与标准的重铬酸钾溶液的吸光度进行比对,推算出胡萝卜素的含量。

## 【试剂及器材】

### 1. 材料

新鲜菠菜。

### 2. 试剂

(1)重铬酸钾标准溶液:取 36 mg 重铬酸钾溶于 100 mL 蒸馏水中(1 mL 此溶液的吸光度相当于 0.002 08 mg 胡萝卜素的吸光度)。

(2)石油醚、丙酮混合液(20∶1)。

（3）氧化铝：用高温处理，除去水分。

（4）无水硫酸钠。

**3. 器材**

天平，分光光度计，层析柱，铁架台，研钵，量筒（10 mL）。

## 【操作步骤】

1. 取新鲜菠菜 2 g，放入研钵中加一平勺石英砂，研磨匀浆。

2. 加入无水硫酸钠 5 g，搅匀再加入石油醚 3 mL，研磨至浅绿色干粉。

3. 层析柱的准备：取干燥、清洁的层析柱，装入 25 g 氧化铝，装时以手轻敲玻璃壁，使其均匀，排出气泡。

4. 样品层析：将研磨细的干粉倒入层析柱中，置于氧化铝上层，并覆盖无水硫酸钠约 0.5 cm 高。加入少许石油醚、丙酮混合液（每次 5 mL）进行洗脱，用 10 mL 量筒收集黄色洗脱液。反复加入洗脱剂，使无水硫酸钠层保持不干，直至把胡萝卜素提取干净（洗脱液中不带黄色）为止。准确记录收集的洗脱液体积，以蒸馏水做空白对照，测 450 nm 下该溶液的吸光度。

## 【结果计算】

$$样品中胡萝卜素的含量（mg，每 100 g 鲜重中的含量）= \frac{A_样}{A_标} \times c \times V \times \frac{1}{m}$$

式中：

$A_样$——黄色洗脱液的吸光度；

$A_标$——标准重铬酸钾溶液的吸光度；

$c$——0.002 08 mg·$mL^{-1}$（1 mL 的重铬酸钾标准溶液相当于 0.002 08 mg 的胡萝卜素）；

$V$——样品总体积，mL；

$m$——样品的质量，g。

## 【注意事项】

层析柱在使用前，必须洗净置入干燥箱中干燥，以防氧化铝吸湿，影响层析效果。

## 【思考题】

色谱分离法的基本原理和特点。

# 实验十二　维生素 C 的测定

## ——磷钼酸比色法

## 【目的要求】

1. 学习磷钼酸比色法测定维生素 C 的原理和方法。
2. 通过实验,加深对维生素 C 的理化性质的理解。

## 【基本原理】

　　维生素 C,又名抗坏血酸,是人体重要的营养素之一,如果长期缺乏,易得维生素 C 缺乏症(坏血病)。维生素 C 水溶性较好,难溶于有机溶剂。它在酸性条件下较稳定,具有较强的还原性,易受热、光、氧气和碱性物质影响,发生氧化破坏。它广泛存在于水果蔬菜等植物中。

　　在硫酸和偏磷酸的酸性条件下(存在酸根离子),钼酸铵可与维生素 C 发生氧化还原反应生成蓝色结合物(钼蓝)。该物质对 760 nm 波长的光有最大吸收,且维生素 C 在一定浓度范围($25 \sim 250$ μg·$mL^{-1}$)内,生成物钼蓝的吸光度与其浓度成正比。在该测定条件下,样品中所含有的其他还原性物质(如还原糖等)对本测定均无干扰,因而该方法专一性好,而且反应迅速。

$$MoO_4^{2-} + \underset{(还原型)}{维生素 C} \xrightarrow{HPO_3^-,H_2SO_4} \underset{钼蓝}{Mo(MoO_4)_2} + \underset{(氧化型)}{维生素 C}$$

## 【试剂及器材】

### 1. 材料

猕猴桃、樱桃、橙子、西红柿等富含维生素 C 的植物材料。

### 2. 试剂

(1)5% 钼酸铵:准确称取 5 g 钼酸铵,用蒸馏水溶解,并定容至 100 mL。

(2)0.05 mol·$L^{-1}$草酸 – 0.02 mmol·$L^{-1}$ EDTA 溶液:准确称取 6.3 g 草酸、0.75 g EDTA 二钠,用蒸馏水溶解,并定容至 1 000 mL。

(3)1:19(体积比)硫酸溶液:取 10 mL 浓硫酸和 190 mL 蒸馏水,混合均匀。

(4)1:5(体积比)乙酸:取 10 mL 乙酸和 50 mL 蒸馏水混合均匀。

(5)偏磷酸 – 乙酸溶液:准确称取 3 g 偏磷酸,溶解于 48 mL(1:5)乙酸中,并用蒸馏水定容至 100 mL,冰箱中保存(可保存 3 天左右)。

(6)0.25 mg·$mL^{-1}$维生素 C 标准溶液:准确称取 25 mg 维生素 C,用蒸馏水溶解后,加适量草酸 – EDTA 溶液,最后用蒸馏水定容至 100 mL。4 ℃下保存,可保存 7 天左右。

**3. 器材**

分光光度计,电热恒温水浴锅,离心机,组织捣碎机。

【操作步骤】

**1. 制作标准曲线**

取试管 9 支,按表 12 – 1 进行操作。

表 12 – 1　维生素 C 的定量测定——标准曲线的制作

| 试剂 | 管号 | | | | | | | | |
|---|---|---|---|---|---|---|---|---|---|
| | 0 | 1 | 2 | 3 | 4 | 5 | 6 | 7 | 8 |
| 0.25 mg·mL$^{-1}$维生素 C 标准溶液/mL | 0 | 0.1 | 0.2 | 0.3 | 0.4 | 0.5 | 0.6 | 0.8 | 1.0 |
| 蒸馏水/mL | 1.0 | 0.9 | 0.8 | 0.7 | 0.6 | 0.5 | 0.4 | 0.2 | 0 |
| 草酸 – EDTA 溶液/mL | 2.0 | 2.0 | 2.0 | 2.0 | 2.0 | 2.0 | 2.0 | 2.0 | 2.0 |
| 偏磷酸 – 乙酸/mL | 0.5 | 0.5 | 0.5 | 0.5 | 0.5 | 0.5 | 0.5 | 0.5 | 0.5 |
| 1∶19 硫酸/mL | 1.0 | 1.0 | 1.0 | 1.0 | 1.0 | 1.0 | 1.0 | 1.0 | 1.0 |
| 5% 钼酸铵/mL | 2.0 | 2.0 | 2.0 | 2.0 | 2.0 | 2.0 | 2.0 | 2.0 | 2.0 |
| | 摇匀,30 ℃水浴 15 min | | | | | | | | |
| 维生素 C 质量/μg | 0 | 25 | 50 | 75 | 100 | 125 | 150 | 200 | 250 |
| $A_{760}$ | | | | | | | | | |

各试剂添加完成后,混匀,在 30 ℃水浴锅中水浴,15 min 后取出,测定 760 nm 下吸光度。以吸光度为纵坐标,维生素 C 质量(μg)为横坐标作标准曲线图。

**2. 样品测定**

将所选材料(水果或蔬菜)洗净并擦干,取其可食部分,准确称取 5.000 g 于研钵中,并加入少量草酸 – EDTA 溶液,研成匀浆后转入 100 mL 容量瓶中,用草酸 – EDTA 溶液定容。将定容的溶液转入离心管中,4 000 r·min$^{-1}$离心 10 min,将上清液转入烧杯中,待用。其余操作按标准曲线第三步(即加入草酸 – EDTA 溶液)做起,根据吸光度的值查标准曲线中对应的维生素 C 质量。

【结果计算】

$$m = \frac{m_0 V_1}{m_1 V_2 \times 10^3} \times 100$$

式中：

$m$——维生素 C 含量（mg，每 100 g 样品中维生素 C 的质量）；

$m_0$——查标准曲线所得维生素 C 质量，μg；

$V_1$——稀释后溶液总体积，mL；

$m_1$——样品质量，g；

$V_2$——测定时取样体积，mL。

## 【注意事项】

在测定样品中维生素 C 含量时，如果测定的吸光度的值大于 0.800 时，就要对待测液进行适当稀释，以使其吸光度值落在 0.200 ~ 0.800 之间。

## 【思考题】

结合实验原理、操作步骤及结果，分析影响实验结果的几个关键因素，并说明理由。

# 实验十三　影响酶作用的因素及特异性观察

## 【目的要求】

1. 了解温度、pH 值、抑制剂、激活剂等因素对酶活性的影响。
2. 了解酶的特异性。

## 【基本原理】

酶是一种具有高度特异性(专一性)的生物催化剂,即一种酶只能对一种化合物或一类化合物起催化作用,而对其他物质不起催化作用。酶催化的反应称为酶促反应,其反应速度(即酶活性)常受到温度、pH 值、酶浓度、底物浓度、激活剂和抑制剂等因素的影响。

温度对酶促反应速度的影响体现在两个方面:(1)在一定温度范围,温度升高,反应速度加快。(2)随温度升高,酶蛋白变性失活,反应速度减慢。也就是说,存在最适反应温度。pH 值对酶促反应速度的影响与温度相似,存在最适 pH 值。另外,酶活性有时还受一些特殊物质的影响,其中有些物质的存在可使酶活性增加,这样的物质被称为激活剂;同时,也存在一些物质可使酶活性降低,这些物质被称为抑制剂,但激活剂和抑制剂不是绝对的。

本实验为:在淀粉被淀粉酶水解后(淀粉—淀粉糊精—红糊精—无色糊精—麦芽糖),向反应体系中加入碘液,根据颜色变化程度可以检查淀粉的水解程度,进而了解各因素对酶活性的影响。

通过淀粉酶对淀粉和蔗糖的作用来说明酶的特异性。淀粉被催化水解生成的麦芽糖因有还原性,还可以使班氏试剂产生砖红色沉淀。而蔗糖不能被淀粉酶水解,其本身又无还原性,所以遇班氏试剂无颜色变化。

## 【试剂及器材】

### 1. 试剂

(1)1% $CuSO_4$ 溶液,0.5% 蔗糖溶液,1% NaCl 溶液。

(2)0.5% 淀粉溶液。

(3)碘化钾 - 碘溶液:取碘化钾 2 g 及碘 1.27 g 溶于 200 mL 水中,用前稀释 5 倍。

(4)班氏试剂:溶解无水 $CuSO_4$ 17.4 g 于 100 mL 热蒸馏水中,冷却,稀释至 150 mL。取柠檬酸钠 173 g 及无水 $Na_2CO_3$ 100 g,加水 600 mL,加热使之溶解,冷却后稀释至 850 mL。最后,将所配两种溶液混合,搅匀待用。

（5）缓冲液：

缓冲液 A($1/15$ mol·$L^{-1}$的 $Na_2HPO_4$)：称 $Na_2HPO_4$·$2H_2O$ 11.876 g，溶于1 000 mL水中。

缓冲液 B($1/15$ mol·$L^{-1}$的 $KH_2PO_4$)：称 9.078 g $KH_2PO_4$溶于1 000 mL 水中。

pH = 4.92 溶液：A 液 0.10 mL + B 液 9.9 mL。

pH = 8.67 溶液：A 液 9.90 mL + B 液 0.10 mL。

pH = 6.64 溶液：A 液 4.00 mL + B 液 6.00 mL。

**2. 器材**

试管及试管架，吸量管(1 mL、2 mL、5 mL)，电热恒温水浴锅，电炉，白色比色盘，量筒，滴管。

## 【操作步骤】

**1. 温度对酶活性的影响**

（1）取 3 支试管，编号按表 13-1 准备。同时迅速加入淀粉酶，混匀，及时放入水浴锅中。

表 13-1 试剂加入量(1)

| 管号 | 0.5% 淀粉溶液/mL | 0.2% 淀粉酶液/mL | 温度 | 现象 |
| --- | --- | --- | --- | --- |
| 1 | 5 | 1 | 0 ℃水浴 | |
| 2 | 5 | 1 | 37 ℃水浴 | |
| 3 | 5 | 1 | 沸水浴 | |

（2）在白色比色盘上，滴加碘液 2 滴于各孔中，每隔 1 min，从第 2 管中取反应液一滴与碘液混合，观察颜色变化。

（3）待第 2 管中反应液遇碘不发生颜色变化时，向各管中加入碘液，摇匀，观察记录各管颜色，说明温度对酶活性的影响。

**2. pH 值对酶活性的影响**

（1）取 3 支试管，编号按表 13-2 准备，混匀后放在 37 ℃水浴中。

表 13 − 2　试剂加入量(2)

| 试管号 | 0.5% 淀粉溶液/mL | pH=6.64 缓冲液/mL | pH=4.92 缓冲液/mL | pH=8.67 缓冲液/mL | 0.2% 淀粉酶液/mL | 现象 |
|---|---|---|---|---|---|---|
| 1 | 2.5 | 1 | 0 | 0 | 1 | |
| 2 | 2.5 | 0 | 1 | 0 | 1 | |
| 3 | 2.5 | 0 | 0 | 1 | 1 | |

(2)在白色比色盘上,滴加碘液 2 滴于各孔中,每隔 1 min,从第 1 管中取反应液一滴与碘液混合,观察碘液颜色变化。

(3)待第 1 管中的反应液遇碘不发生颜色变化时,向各管中加入碘液,摇匀,观察记录各管颜色,说明 pH 值对酶活性的影响。

**3. 酶的抑制与激活**

(1)取 3 支试管,按表 13 −3 准备。

表 13 − 3　试剂加入量(3)

| 试管号 | 0.5% 淀粉溶液/mL | 1% CuSO₄ 溶液/mL | 1% NaCl 溶液/mL | 0.2% 淀粉酶液/mL | 蒸馏水/mL | 现象 |
|---|---|---|---|---|---|---|
| 1 | 3 | 1 | 0 | 1 | 0 | |
| 2 | 3 | 0 | 1 | 1 | 0 | |
| 3 | 3 | 0 | 0 | 1 | 1 | |

(2)将 3 支试管放入 37 ℃水浴,并在白色比色盘上用碘液检查第 2 管,待遇碘不变色时,向各管加碘液 1 滴,观察水解情况,记录并解释结果。

**4. 酶的特异性**

(1)取 2 支试管按表 13 −4 准备。

表 13 − 4　试剂加入量(4)

| 试管号 | 0.5% 淀粉溶液/mL | 0.5% 蔗糖溶液/mL | 0.2% 淀粉酶液/mL | 现象 |
|---|---|---|---|---|
| 1 | 2 | 0 | 1 | |
| 2 | 0 | 2 | 1 | |

(2)酶液加入后,放入 37 ℃水浴中,并准确计时。

(3)在水浴中保温 10 min,向各管加入班氏试剂 1 mL,放沸水浴中煮沸 2 min,记录并解释结果。

## 【注意事项】

由于个体差异,每个人唾液中的淀粉酶活性不尽相同,因此各实验的反应进行的速度不同。如反应进行太快,应适当稀释唾液。

## 【思考题】

1. 酶的最适 pH 值、最适温度是多少?
2. 试述酶活性的概念,以及影响酶活性的因素。

# 实验十四 底物浓度对酶促反应速度的影响

## ——$K_m$ 值测定

## 【目的要求】

脲酶是氮素循环的一种关键性酶,它催化尿素与水作用生成碳酸铵,在促进土壤和植物体内尿素(脲)的利用上有重要作用。通过本实验,学习脲酶 $K_m$ 值的测定方法。

## 【基本原理】

脲酶催化下列反应:

$$(NH_2)_2CO + 2H_2O \longrightarrow (NH_4)_2CO_3$$

尿素在脲酶催化下生成的碳酸铵,可与奈斯勒试剂(奈氏试剂),在碱性条件下作用生成橙黄色的碘化双汞铵。该溶液在 460 nm 波长下具有最大光吸收值,且在一定浓度范围内,呈色深浅(吸光度)与碳酸铵的量成正比。因而,可用分光光度法测定单位时间内酶促反应所产生的碳酸铵的量,以此求得酶促反应速度。在最适条件下,用相同浓度的脲酶催化不同浓度的尿素发生水解反应,测定各反应单位时间产生的碳酸铵的量,观察底物浓度对酶促反应速度的影响。用双倒数作图法可求得脲酶的 $K_m$ 值。

## 【试剂及器材】

**1. 材料**

大豆粉。

**2. 试剂**

(1)1/10 mol·L$^{-1}$脲:15.015 g 脲,水溶后定容至 250 mL。

(2)不同浓度脲液:将 1/10 mol·L$^{-1}$ 脲稀成 1/20 mol·L$^{-1}$、1/30 mol·L$^{-1}$、1/40 mol·L$^{-1}$、1/50 mol·L$^{-1}$。

(3)1/15 mol·L$^{-1}$ pH = 7.0 磷酸盐缓冲液:称取 Na$_2$HPO$_4$ 5.969 g,水溶后定容至 250 mL。称取 KH$_2$PO$_4$ 2.268 g,水溶后定容至 250 mL。取 Na$_2$HPO$_4$ 溶液 60 mL,KH$_2$PO$_4$ 溶液 40 mL,混匀,即为 1/15 mol·L$^{-1}$ pH = 7.0 的磷酸盐缓冲液。

(4)10% 硫酸锌:20 g ZnSO$_4$ 溶于 200 mL 蒸馏水中。

(5)0.5 mol·L$^{-1}$氢氧化钠:5 g NaOH,水溶后定容至 250 mL。

（6）10%酒石酸钾钠:20 g 酒石酸钾钠溶于 200 mL 蒸馏水中。

（7）0.005 mol·L$^{-1}$ 硫酸铵标准溶液:准确称取 0.661 0 g 硫酸铵,水溶后定容至 1 000 mL。

（8）30%乙醇:60 mL 95%乙醇,加水 130 mL,摇匀。

（9）奈氏试剂。

①配制甲、乙、丙、丁溶液:

甲:8.75 g KI 溶于 50 mL 水中。

乙:8.75 g KI 溶于 50 mL 水中。

丙:7.5 g HgCl$_2$ 溶于 150 mL 水中。

丁:2.5 g HgCl$_2$ 溶于 50 mL 水中。

②甲与丙混合,生成朱红色沉淀。用蒸馏水以倾泻法洗涤沉淀几次,洗好后倒入乙液中,使沉淀溶解。然后逐滴加入丁液,至朱红色沉淀出现摇动也不消失为止,定容至 250 mL。

③称 NaOH 52.5 g,溶于 200 mL 蒸馏水中,放冷。

④混合（5）、（6）,并定容至 500 mL。将上清液转入棕色瓶中,存暗处备用。

**3. 器材**

试管,吸量管（1 mL、2 mL、10 mL）,漏斗,分光光度计,电热恒温水浴锅,离心机,漩涡振荡器。

## 【操作步骤】

1. 脲酶提取:称大豆粉 1 g,加 30%乙醇 25 mL,振荡提取 1 h。4 000 r·min$^{-1}$ 离心 10 min,取上清液备用。

2. 取试管 5 支,编号,按表 14 - 1 操作。

表 14 - 1  试剂加入量（1）

| | | 1 | 2 | 3 | 4 | 5 |
|---|---|---|---|---|---|---|
| 脲液 | 浓度/（mol·L$^{-1}$） | 1/20 | 1/30 | 1/40 | 1/50 | 1/50 |
| | 加入量/mL | 0.5 | 0.5 | 0.5 | 0.5 | 0.5 |
| pH=7.0 磷酸盐缓冲液/mL | | 2.0 | 2.0 | 2.0 | 2.0 | 2.0 |
| 37 ℃水浴保温/min | | 5 | 5 | 5 | 5 | 5 |
| 加入脲酶/mL | | 0.5 | 0.5 | 0.5 | 0.5 | — |
| 加入煮沸脲酶/mL | | — | — | — | — | 0.5 |
| 37 ℃水浴保温/min | | 10 | 10 | 10 | 10 | 10 |

续表

| | 1 | 2 | 3 | 4 | 5 |
|---|---|---|---|---|---|
| 加入 10% $ZnSO_4$/mL | 0.5 | 0.5 | 0.5 | 0.5 | 0.5 |
| 加入蒸馏水/mL | 10.0 | 10.0 | 10.0 | 10.0 | 10.0 |
| 加入 0.5 mol·$L^{-1}$ NaOH/mL | 0.5 | 0.5 | 0.5 | 0.5 | 0.5 |

在漩涡振荡器上混匀各管,静置 5 min 后过滤。

3. 另取试管 5 支,编号,与上述各管对应,按表 14-2 加入试剂。

表 14-2 试剂加入量(2)

| | 1 | 2 | 3 | 4 | 5 |
|---|---|---|---|---|---|
| 滤液/mL | 0.5 | 0.5 | 0.5 | 0.5 | 0.5 |
| 蒸馏水/mL | 9.5 | 9.5 | 9.5 | 9.5 | 9.5 |
| 10% 酒石酸钾钠/mL | 0.5 | 0.5 | 0.5 | 0.5 | 0.5 |
| 0.5 mol·$L^{-1}$ NaOH/mL | 0.5 | 0.5 | 0.5 | 0.5 | 0.5 |
| 奈氏试剂/mL | 1.0 | 1.0 | 1.0 | 1.0 | 1.0 |

迅速混匀各管,然后在 460 nm 波长条件下比色,光径 1 cm。

4. 制作标准曲线,按表 14-3 加入试剂。

表 14-3 试剂加入量(3)

| 管号 | 1 | 2 | 3 | 4 | 5 | 6 |
|---|---|---|---|---|---|---|
| 0.005 mol·$L^{-1}$ ($NH_4$)$_2$$SO_4$/mL | 0 | 0.1 | 0.2 | 0.3 | 0.4 | 0.5 |
| 蒸馏水/mL | 10.0 | 9.9 | 9.8 | 9.7 | 9.6 | 9.5 |
| 10% 酒石酸钾钠/mL | 0.5 | 0.5 | 0.5 | 0.5 | 0.5 | 0.5 |
| 0.5 mol·$L^{-1}$ NaOH/mL | 0.5 | 0.5 | 0.5 | 0.5 | 0.5 | 0.5 |
| 奈氏试剂/mL | 1.0 | 1.0 | 1.0 | 1.0 | 1.0 | 1.0 |

迅速混匀各管,在 460 nm 波长条件下比色,绘制标准曲线。

【结果计算】

根据各反应测定的吸光度值,在标准曲线上查出不同浓度的脲液在脲酶催化下生成碳酸铵的量。以单位时间生成碳酸铵的量的倒数($1/V$)为纵坐标,以对应的脲液浓度的倒数($1/[S]$)为横坐标,作双倒数曲线图,求出 $K_m$ 值。

## 【注意事项】

1. 控制各管酶反应时间尽量一致。

2. 按表中顺序加入各种试剂。

3. 奈氏试剂腐蚀性强,勿洒在试管架和实验台面上。

## 【思考题】

除了双倒数作图法,还有哪些方法可求得 $K_m$ 值?

# 实验十五 淀粉酶活力测定

## 【实验目的】

1. 学习酶活力测定的一般方法,巩固并熟练掌握分光光度计的使用方法。
2. 学习计算酶活力及比活力。

## 【基本原理】

淀粉酶主要有 α - 淀粉酶、β - 淀粉酶、葡萄糖淀粉酶和异淀粉酶,它们在动植物和微生物界广泛存在。淀粉酶的来源不同,性质亦不同。最重要的植物淀粉酶是 α - 淀粉酶和 β - 淀粉酶。

α - 淀粉酶作用于直链部分的 α - 1,4 - 糖苷键,直链淀粉和支链淀粉随机分配。其单独使用则最终生成寡聚葡萄糖、α - 极限糊精和少量葡萄糖。α - 淀粉酶的活化和稳定一般使用 $Ca^{2+}$,其耐热而不耐酸,故在 pH = 3.6 以下使用可起到钝化作用。

β - 淀粉酶于非还原端的 α - 1,4 - 糖苷键开始作用,至支链淀粉的 α - 1,6 - 糖苷键结束。单独使用时其产物是麦芽糖和 β - 极限糊精。β - 淀粉酶是巯基酶的一种,不需要辅助因子(如 $Ca^{2+}$、$Cl^-$ 等),其最适 pH 值小于 7,与 α - 淀粉酶恰恰相反,它耐酸但不耐热,钝化条件为 70 ℃保持 15 min。

一般情况下,α - 淀粉酶和 β - 淀粉酶同时存在于提取液中。求 β - 淀粉酶活力,可先测 α - 淀粉酶、β - 淀粉酶的总活力,于 70 ℃加热 15 min,使 β - 淀粉酶钝化,则可测出 α - 淀粉酶活力,用 α - 淀粉酶、β - 淀粉酶总活力减去 α - 淀粉酶活力,即可测出 β - 淀粉酶活力。

淀粉酶活力大小用显色反应来测定。其原理为酶反应生成的还原糖与 3,5 - 二硝基水杨酸(黄色)作用,生成 3 - 氨基 - 5 - 硝基水杨酸(棕红色),且生成物颜色的深浅与还原糖的量成正比。酶活力大小以在一定时间内每克样品生成的还原糖(麦芽糖)的量表示。

## 【试剂及器材】

### 1.材料

萌发 3 天的小麦芽。

### 2.试剂

(1)1%淀粉溶液。

(2)0.4 mol·L$^{-1}$氢氧化钠溶液。

（3）pH＝5.6 柠檬酸缓冲液。

A 液：准确称取 20.01 g 柠檬酸，溶解定容至 1 000 mL。B 液：准确称取 29.41 g 柠檬酸钠，溶解定容至 1 000 mL。取 13.7 mL A 液和 26.3 mL B 液，混合均匀，得到 pH＝5.6 的柠檬酸缓冲液。

（4）3,5-二硝基水杨酸：称取 3,5-二硝基水杨酸 1 g，加到 10 mL 1 mol·L$^{-1}$氢氧化钠溶液中溶解，加蒸馏水 50 mL，再加酒石酸钾钠 30 g，搅拌溶解后用蒸馏水定容至 100 mL，瓶塞塞紧，以防进入 $CO_2$。

（5）麦芽糖标准溶液（1 mg·mL$^{-1}$）：准确称取麦芽糖 0.100 g，用少量蒸馏水溶解后，定容至 100 mL。

**3. 器材**

电子天平，研钵，容量瓶（100 mL），具塞刻度试管（25 mL），试管，吸量管（1 mL、2 mL、5 mL），离心机，电热恒温水浴锅，分光光度计。

## 【操作步骤】

**1. 酶液提取**

准确称取芽长 1 cm 的小麦种子（萌发 3 天左右）2 g，加入少许石英砂和蒸馏水 2 mL 左右，并置于研钵中研成匀浆，转入 100 mL 容量瓶中，尽可能确保无损失。用蒸馏水定容至 100 mL。隔几分钟振荡 1 次，提取 20 min。再用离心机于 3 000 r·min$^{-1}$离心 100 min，倒出上清液以备用。

**2. $\alpha$-淀粉酶活力测定**

（1）准备 4 支试管，其中对照管、测定管各 2 支，做好标记。

（2）每管中各加 1 mL 酶液，于 70±0.5 ℃恒温水浴中加热 15 min，以钝化 $\beta$-淀粉酶。试管取出后立即用流水冷却。

（3）向对照管中加入 0.4 mol·L$^{-1}$氢氧化钠溶液 4 mL。

（4）4 支管中各加入 pH＝5.6 的柠檬酸缓冲液 1 mL。

（5）将 4 支试管置于 40±0.5 ℃恒温水浴中加热 15 min，然后于每管中加入 2 mL 1% 淀粉溶液（40 ℃下预热），混合均匀后迅速放入 40 ℃恒温水浴中保温 5 min。取出后在测定管中立即加入 0.4 mol·L$^{-1}$氢氧化钠溶液 4 mL，以终止酶反应，准备测糖。

**3. 淀粉酶总活力测定**

取 5 mL 酶液，用蒸馏水稀释至 100 mL，即稀释酶液。取 4 支试管，编号，对照管、测定管各 2 支，均加入 1 mL 稀释酶液。向对照管中加入 0.4 mol·L$^{-1}$氢氧化钠溶液 4 mL。4 支试管中各加入 pH＝5.6 柠檬酸缓冲液 1 mL。以下步骤与 $\alpha$-淀粉酶活力测定第（5）步的操作相同，即准备测糖。

**4. 麦芽糖的测定**

（1）标准曲线的绘制。取 7 支 25 mL 的试管，并编号。分别加入麦芽糖标准溶液

$1 mg \cdot mL^{-1}$)0 mL、0.2 mL、0.6 mL、1.4 mL、1.6 mL、1.8 mL、2.0 mL,用蒸馏水定容至 2.0 mL(可用吸量管吸取),然后加入 2.0 mL 的 3,5 - 二硝基水杨酸试剂,于沸水浴中加热 5 min。取出后冷却,用蒸馏水定容至 25 mL。混匀后在 520 nm 波长下用分光光度计比色,记录其吸光度。以麦芽糖含量(mg)为横坐标,吸光度为纵坐标,绘制标准曲线。

(2)样品的测定。各取 2 mL 步骤 2、3 中酶作用后的溶液,放入相对应的 8 支 25 mL 试管中,分别加入 2 mL 3,5 - 二硝基水杨酸试剂。以下操作同标准曲线的绘制。而后根据样品吸光度,从标准曲线中查出麦芽糖含量,从而进行相应酶活力计算。

## 【结果计算】

$$\alpha - 淀粉酶活力[mg(麦芽糖)/g(鲜重) \cdot 5\ min] = \frac{(m_A - m_{A_0}) \times V_T}{m \times V_U}$$

$$淀粉酶总活力[mg(麦芽糖)/g(鲜重) \cdot 5\ min] = \frac{(m_B - m_{B_0}) \times V_T}{m \times V_U}$$

式中:

$m_A$——$\alpha$ - 淀粉酶水解淀粉生成的麦芽糖的质量,mg;

$m_{A_0}$——$\alpha$ - 淀粉酶的对照管中的麦芽糖的质量,mg;

$m_B$——$\alpha$ - 淀粉酶、$\beta$ - 淀粉酶共同水解淀粉生成的麦芽糖的质量,mg;

$m_{B_0}$——$\alpha$ - 淀粉酶、$\beta$ - 淀粉酶的对照管中的麦芽糖的质量,mg;

$V_T$——样品稀释总体积,mL;

$V_U$——比色时所用样品溶液体积,mL;

$m$——样品质量,g。

## 【注意事项】

1.酶反应时间应计算精确。

2.试剂加入顺序应按步骤进行。

## 【思考题】

1.淀粉酶活力测定原理是什么?

2.酶反应中为什么加 pH = 5.6 的柠檬酸缓冲液? 为什么在 40 ℃进行保温?

3.测定酶活力,应注意什么问题?

# 实验十六　枯草杆菌蛋白酶活力测定

## 【实验目的】

1. 加深对酶活力概念的理解。

2. 了解并掌握枯草杆菌蛋白酶活力的测定原理与方法。

## 【基本原理】

酶活力是指酶催化某一特定化学反应的能力。在一定条件下,其大小一般用单位时间内酶催化底物而发生特定反应时,体系中底物的消耗量或产物的生成量来表示。

枯草杆菌蛋白酶能催化酪蛋白进行水解,产生酪氨酸。在碱性条件下酪氨酸与福林－酚试剂反应生成蓝色化合物,在 680 nm 波长处该化合物具有最大吸光度,且在一定浓度条件下,其吸光度与酪氨酸含量呈正相关。所以测定一定条件下酪氨酸的含量,即可计算出蛋白酶的活力大小。

本实验的酶活性单位(U)为一定条件下,单位时间(1 min)分解酪蛋白产生 1 μg 酪氨酸所需的酶量。

## 【试剂及器材】

### 1. 材料

枯草杆菌蛋白酶:准确称取枯草杆菌蛋白酶粉 1 g,用少许 0.02 mol·L$^{-1}$、pH = 7.5 磷酸缓冲液将之溶解,定容至 100 mL,摇匀使之完全溶解(约 15 min),用干纱布过滤,滤液置于冰箱中备用。酶活力高低用缓冲液稀释倍数表示。

### 2. 试剂

(1)福林－酚试剂(可以直接购买)。

准确称取 100 g 钨酸钠、25 g 钼酸钠,量取 700 mL 蒸馏水、50 mL 85% 磷酸及 100 mL 浓盐酸,于 2 000 mL 磨口回流瓶中充分混匀,而后微火回流加热 10 h。加 150 g 硫酸锂、50 mL 蒸馏水和数滴液溴,充分混匀,继续煮沸 15 min,开口排出多余的溴。冷却后用蒸馏水定容至 1 000 mL,过滤,得黄绿色溶液,倒入棕色试剂瓶中避光贮藏。使用时取 1 mL,加蒸馏水稀释到 3 mL。

(2)0.2 mol·L$^{-1}$ 盐酸溶液。

(3)0.04 mol·L$^{-1}$ 氢氧化钠溶液。

(4)0.55 mol·L$^{-1}$ 碳酸钠溶液。

(5)三氯乙酸溶液(10%)。

（6）0.02 mol·L⁻¹ pH=7.5 磷酸缓冲液。

A 液：准确称取 7.16 g Na₂HPO₄，蒸馏水溶解并定容至 100 mL；B 液：准确称取 3.12 g NaH₂PO₄，溶解并定容至 100 mL。取 84 mL A 液，16 mL B 液，混匀，可得到 0.2 mol·L⁻¹、pH=7.5 的磷酸缓冲液。稀释 10 倍可得到目标缓冲液。

（7）酪氨酸标准溶液（50 μg·mL⁻¹）：准确称取 12.5 mg 酪氨酸（需要烘干至恒重），用 30 mL 左右 0.2 mol·L⁻¹ 盐酸溶液充分溶解后，蒸馏水定容至 250 mL。

（8）0.5% 酪蛋白溶液：准确称取 1.25 g 酪蛋白，用 20 mL 左右 0.04 mol·L⁻¹ 氢氧化钠溶液充分溶解后，用 0.02 mol·L⁻¹ pH=7.5 的磷酸缓冲液定容至 250 mL。

**3. 器材**

分光光度计，电子天平，试管及试管架，电热恒温水浴锅，玻璃漏斗，移液管。

【操作步骤】

**1. 酪氨酸标准曲线的制作**

准备 6 支试管，编号，按 0~5 依次加入 0 mL、0.20 mL、0.40 mL、0.60 mL、0.80 mL 和 1.00 mL 酪氨酸标准溶液，用蒸馏水加至 1.00 mL，混匀后加 5.0 mL 0.55 mol·L⁻¹ 碳酸钠，混匀后再加 1.00 mL 福林－酚试剂，混匀后置于 30 ℃ 水浴锅中保温 15 min。取出后于 680 nm 处测定吸光度（0 号管为空白对照管）。以酪氨酸含量（μg）为横坐标，吸光度为纵坐标绘制出酪氨酸的标准曲线。

**2. 酶活力测定**

（1）酶反应：准备试管一支，加入 0.5% 的酪蛋白溶液 2.0 mL，置于 30 ℃ 水浴锅中预热 5 min，加枯草杆菌蛋白酶液（已预热）1.0 mL，即刻计时 10 min，于水浴中继续保温。取出后，即刻加 10% 三氯乙酸溶液 2.0 mL，充分摇匀后静置几分钟，用干滤纸过滤，收集的滤液为样品液。再准备试管一支，先加已预热好的枯草杆菌蛋白酶液 1.0 mL 和 10% 三氯乙酸溶液 2.0 mL，充分摇匀后放置几分钟，再加 0.5% 的酪蛋白溶液 2.0 mL，置于 30 ℃ 水浴锅中保温 10 min，干滤纸过滤，收集的滤液为对照液。

样品液、对照液均应有平行实验。

（2）滤液中酪氨酸含量的测定

准备试管 3 支，依次加 1.0 mL 水、A 液、B 液，然后各加 0.55 mol·L⁻¹ 碳酸钠溶液 5.0 mL，以及福林－酚试剂 1.00 mL，混合均匀按步骤 1 保温测吸光度。由吸光度的值查标准曲线，得 A 液、B 液中酪氨酸含量，继而计算出酶活性单位。

【结果计算】

$$酶活性单位数（U）=(A_{样品}-A_{对照})\times m\times\frac{V}{t}\times N$$

式中：

$A_{样品}$——样品液的吸光度；

$A_{对照}$——对照液的吸光度；

$m$——标准曲线上 $A=1$ 时对应的酪氨酸的微克数；

$V$——酶促反应液的体积，5 mL；

$t$——酶促反应时间，10 min；

$N$——酶溶液稀释倍数。

## 【结果计算】

上述方法适用于测定中性蛋白酶($pH=7.5$)的活力，如要测定酸性蛋白酶和碱性蛋白酶活力，可将相应缓冲液更换为其对应的最适 pH 值的缓冲液即可。

## 【思考题】

蛋白酶可分为哪几类，各有何特点？

# 实验十七　海藻酸钠 – 氯化钙 – 壳聚糖固定化 α – 淀粉酶

## 【实验目的】

1. 掌握酶的固定化原理及应用意义。
2. 学习并掌握包埋法固定 α – 淀粉酶。

## 【基本原理】

酶作为生物催化剂,具有高度专一性、反应条件温和、安全无污染等特点,因而广泛应用于食品、药品和化工等行业。然而,由于天然酶不稳定、易失活、难以重复使用,并且反应后与产品混合,难以纯化,所以其在食品等行业中的应用受到了限制。因而,固定化酶的概念和技术得以提出,并成为酶工程领域的研究重点。

固定化酶:采用适当材料将酶固定或限制在一定区域内,并能保持其催化活性,同时可较方便地回收及重复使用。根据不同酶的性质及使用要求,可采用吸附法、共价结合法、交联法、包埋法等方法进行酶的固定化。

壳聚糖是 2 – 氨基 – 2 – 脱氧 – β – D – 葡萄糖由 α – 1,4 – 糖苷键连接而成的天然高分子化合物,分子中有大量伯氨基存在,带正电荷。海藻酸钠(Alg)是由 β – 1,4 – 糖苷键连接的 β – D – 甘露糖醛酸的钠盐(M)和 α – 1,4 – 糖苷键连接的 L – 古罗糖醛酸(G)共聚而成的,分子中含有大量的羧基,带负电荷。

包埋时,在成囊溶液中,Alg 和钙离子充分接触,引起 Alg 通过 L – 古罗糖醛酸残基上的空穴和钙离子键合,发生界面离子聚合反应,形成聚阴离子微球。然后在成囊溶液中加入壳聚糖,使其成为聚阳离子,壳聚糖与醛酸根离子通过静电作用吸附在以海藻酸钠为主的表面,因而形成聚阳离子 – 聚阴离子复合物,稳定了粒子凝胶网络结构。

## 【试剂及器材】

**1. 试剂**

(1)0.1 mol·L$^{-1}$ pH =5.6 柠檬酸缓冲液。

A 液(0.1 mol·L$^{-1}$ 柠檬酸):称取柠檬酸 21.01 g,用蒸馏水溶解后定容至 1 000 mL。

B 液(0.1 mol·L$^{-1}$ 柠檬酸钠):称取柠檬酸钠 29.41 g,用蒸馏水溶解后定容至 1 000 mL。

取 A 液 55 mL、B 液 145 mL,混匀,即为 0.1 mol·L$^{-1}$ pH = 5.6 的柠檬酸缓冲液。

(2)海藻酸钠。

(3)氯化钙。

(4)壳聚糖。

(5)α - 淀粉酶。

(6)可溶性淀粉。

**2.器材**

分光光度计,恒温水浴锅,胶头滴管,电炉。

## 【操作步骤】

1.用 0.1 mol·L$^{-1}$ pH = 5.6 的柠檬酸 - 柠檬酸钠缓冲液配制成 2.5% 的海藻酸钠溶液 A。

2.用 1% 的乙酸溶液配制成 0.25% 的壳聚糖胶体溶液 B。

3.配制 2% 的 $CaCl_2$ 溶液 C。

4.取 10 mg α - 淀粉酶,用缓冲液配制成 10 mL 酶液 D。

5.取溶液 A 和 D 各 5 mL,充分混匀,将该混合液用胶头滴管逐滴加入到溶液 C 中,形成凝胶粒子,将该粒子过滤后,转入到 B 溶液中固化 15 min,形成含有 α - 淀粉酶的微胶囊。用缓冲液将微胶囊上多余的游离酶液洗掉,即得固定化酶。

6.取出 10 粒微胶囊,用于固定化酶活力的测定(按实验十五淀粉酶活力测定的方法进行)。

## 【结果计算】

固定化酶活力(mg·g$^{-1}$·min$^{-1}$) = 还原糖生成量(mg)/[固定化酶的量(g) × 10 min]

## 【思考题】

比较游离酶及固定化酶的优缺点。

# 实验十八　酵母 RNA 的提取

## ——浓盐法

## 【目的要求】

1. 学习并掌握提取酵母中 RNA 的原理和方法。
2. 加深对核酸性质的理解和认识。

## 【基本原理】

酵母中 RNA 含量较多,一般为 2.67% ~ 10%,而 DNA 含量很少,仅为 0.03% ~ 0.516% 。由于酵母的菌体较大,容易收集,所以本实验选择酵母作为材料,提取 RNA。

高浓度盐溶液在高温下可改变细胞膜通透性,使 RNA 释放出来,离心可将菌体除去。根据两性电解质(核酸属于两性电解质)在等电点时溶解度最小的性质,调节溶液 pH 值至 2.0 左右(核酸溶液等电点),使 RNA 粒子聚集沉淀。可用乙醇洗涤沉淀,除去醇溶性物质(如脂类等),提高纯度。

由于酵母中同时存在磷酸单酯酶和磷酸二酯酶,它们可分解 RNA,所以提取过程中应避免在 20 ~ 70 ℃停留时间过长,避免 RNA 降解而降低提取率。核酸的基本组成单位是核苷酸,核苷酸之间通过磷酸二酯键相连。

## 【试剂及器材】

### 1. 试剂

NaCl,6 mol·L$^{-1}$ HCl,95% 乙醇。

### 2. 器材

量筒(50 mL),锥形瓶(100 mL),烧杯(100 mL、500 mL),布氏漏斗,吸滤瓶,分析天平,表面皿,分光光度计,离心机,电热恒温水浴锅。

## 【操作步骤】

### 1. 浓盐提取

称取 2.5 g 干酵母粉,置于 100 mL 锥形瓶中,加入 2.5 g NaCl 和 25 mL 蒸馏水,搅拌均匀,沸水浴中加热 30 min。配制相同浓度的 NaCl 溶液,待沸水浴结束后洗涤锥形瓶用。

### 2. 离心分离

将上述提取液冷却后,转入离心管中,4 000 r·min$^{-1}$离心 10 min,使菌体残渣与提取液分离。

### 3. 等电点沉淀 RNA

离心后将上清液转移至 100 mL 烧杯中,并将该烧杯置于盛有冰块的 500 mL 烧杯中冷却,待上清液温度降至 10 ℃以下时,用盐酸溶液(6 mol·L$^{-1}$)调节 pH 值至 2.0(严格控制 pH 值)。调好后冰水浴中静置 10 min,使沉淀充分,颗粒变大。

### 4. 纯化

将上述悬液转移至离心管中,4 000 r·min$^{-1}$离心 10 min,弃去上清液,得到 RNA 沉淀。用 95% 乙醇洗涤沉淀,洗涤时要充分搅拌。置于布氏漏斗上抽滤,再用 95% 乙醇淋洗两次。

### 5. 干燥

抽滤后取下沉淀物,置于表面皿上,铺成薄层,于 80 ℃烘箱内干燥至恒重。分析天平上准确称重,并存放于干燥器内。

### 6. 含量测定

将干燥后的 RNA 产品用蒸馏水溶解,配制成浓度为 20 μg·mL$^{-1}$左右的溶液,在分光光度计上测定其 260 nm 处的吸光度,按下式计算制取产品中的 RNA 含量。

$$RNA\ 含量 = \frac{A_{260}}{0.024 \times L} \times \frac{RNA\ 溶液总体积(mL)}{RNA\ 产品质量(μg)} \times 100\%$$

式中:$A_{260}$——260 nm 处的吸光度;

$L$——比色杯光径,cm;

0.024——1 mL 溶液含 1 μg RNA 的吸光度。

## 【结果计算】

根据产品中 RNA 含量,按下式计算提取率。

$$RNA\ 提取率 = \frac{RNA\ 含量 \times RNA\ 产品质量(g)}{酵母质量(g)} \times 100\%$$

## 【注意事项】

1. 浓盐法提取 RNA 时应注意操作温度,不要在 20 ~ 70 ℃之间停留时间过长,因为此温度下磷酸二酯酶和磷酸单酯酶具有较强活性,可分解部分 RNA,使提取率降低。

2. 高温(90 ~ 100 ℃)可使蛋白质变性,破坏两类磷酸酯酶,有利于 RNA 的提取。

【思考题】

    1. 沉淀 RNA 之前为什么要冷却上清液至 10 ℃以下？

    2. 为什么要将 pH 值调至 2.0 左右？

# 实验十九　酵母RNA的水解及其组成成分鉴定

## 【目的要求】

1. 学习如何利用稀碱法从酵母中提取RNA。
2. 了解定性鉴定核酸的方法和原理。

## 【基本原理】

本实验用0.2%氢氧化钠溶液作为稀碱溶液,用于酵母细胞裂解,在溶液中释放出核酸,加酸中和,用乙醇沉淀RNA,得到去除蛋白质和菌体的上清液。实验后制备的RNA为变性RNA,可用作制备核苷酸的原料。

RNA通过硫酸水解后,可生成碱基、磷酸和戊糖,可经过下列几种方法进行鉴定:

(1)钼酸铵试剂和磷酸反应生成磷钼酸铵$[(NH)_3PO_4 \cdot 12MoO_3]$,它是一种黄色沉淀。

(2)地衣酚试剂可与核糖反应生成鲜绿色物质。二苯胺试剂和脱氧核糖反应生成蓝色化合物。

(3)硝酸银可以和嘌呤碱反应生成白色的嘌呤银化物沉淀。

## 【试剂及器材】

### 1. 试剂

(1)酵母粉,0.1 mol·$L^{-1}$硝酸银,10%硫酸,0.2%氢氧化钠,乙酸,无水乙醚,浓硝酸,95%乙醇,1 mol·$L^{-1}$氨水。

(2)酸化乙醇:取100 mL纯度为95%的乙醇,加入1 mL的浓盐酸,混匀后,使pH值小于5.4。

(3)钼酸铵试剂:称取钼酸铵2 g,溶于10%硫酸中,定容在100 mL容量瓶中,备用。

(4)地衣酚试剂:称取氯化铁0.1 g,溶于100 mL浓盐酸中,摇匀,贮存备用,使用前称取476 mg地衣酚加入其中,溶解后使用。

(5)二苯胺试剂:称取二苯胺4 g,溶入400 mL乙酸中,溶解后再加入11 mL浓硫酸(相对密度1.84)。若试剂呈蓝色或绿色,则乙酸不纯,不能使用。

### 2. 器材

试管,试管架,移液管,锥形瓶,表面皿,漏斗,滴管,烧杯,量筒,离心机,抽滤装置,三用水箱。

**【操作步骤】**

**1. 酵母 RNA 的提取**

称取酵母粉 4 g，置于 100 mL 烧杯中，加入 0.2% 氢氧化钠溶液 40 mL。用沸水浴不断搅拌加热 30 min。等待冷却至室温后，离心机 3 800 r·min$^{-1}$ 离心 15 min。保留上清液，加入 30 mL 酸化乙醇，搅拌混匀后静置 5 min。再经过离心机，3 000 r·min$^{-1}$ 离心 15 min。去除上清液，保留沉淀，得到酵母 RNA 粗品。

**2. RNA 的水解**

取粗 RNA 0.1~0.2 g，以及 10% 的硫酸溶液 15 mL，混匀后置于 50 mL 锥形瓶中，沸水浴加热 20 min 后，3 800 r·min$^{-1}$ 离心 5 min，得到上清液（RNA 水解液），备用。

**3. 组分鉴定**

（1）磷酸的检验

取 1 支试管，分别加入浓 $HNO_3$ 5 滴、钼酸铵试剂 1 mL、RNA 水解液 2 mL，沸水浴加热，观察是否有黄色沉淀（磷钼酸铵）产生。

（2）戊糖的检验

取两支试管，各加入 1 mL RNA 水解液，再分别加入 1 mL 的二苯胺试剂和地衣酚试剂，沸水浴 10~15 min。对比两支试管的颜色，并解释现象。

（3）嘌呤碱的检验

取 1 支试管，加 0.1 mol·L$^{-1}$ 硝酸银溶液 1 mL，再逐滴加入 1 mol·L$^{-1}$ 氨水，直到沉淀消失。然后加入 1 mL RNA 水解液，静置片刻后，观察是否有白色沉淀（嘌呤银化物）产生（见光变为红棕色）。

**【注意事项】**

1. 用乙醚、乙醇清洗 RNA 时应注意用玻璃棒小心地搅动沉淀，抽干，可得到白色 RNA 粉末。

2. 组分鉴定时，应将试管清洗干净，保持干燥，否则会影响观察现象的结果。

**【思考题】**

现有三瓶未知溶液，分别为糖、蛋白质、RNA，请设计实验将它们区分开来。

# 实验二十　定磷法测定核酸含量

## 【目的要求】

1. 了解测定核酸含量所用的定磷法的原理。
2. 掌握测定核酸含量的定磷法的基本操作步骤。

## 【基本原理】

一定量的磷元素存在于核酸分子中,其中 DNA 中含磷 9.2%,RNA 中含磷 9.0%。因此,可以通过测定核酸中磷的含量来确定核酸的量。

核酸分子中存在的有机磷可以经过强酸的作用消化为无机磷,钼酸铵可与无机磷结合生成磷钼酸铵(黄色沉淀)。

$$PO_4^{3-} + 3NH_4^+ + 12MoO_4^{2-} + 24H^+ = (NH_4)_3PO_4 \cdot 12\ MoO_3 \cdot 6H_2O \downarrow + 6H_2O$$

当反应中存在还原剂时,$Mo^{6+}$ 被还原成 $Mo^{4+}$,试剂中的其他 $MoO_4^{2-}$ 再与 $Mo^{4+}$ 结合成 $Mo(MoO_4)_2$ 或 $Mo_3O_8$,呈蓝色,称为钼蓝。

在一定浓度范围内,磷含量和蓝色的深浅成正比,可用比色法测定。样品中如有无机磷,为了防止结果偏高,应将无机磷除去。

## 【试剂及器材】

**1. 材料**

粗核酸(RNA)。

**2. 试剂**

(1)标准磷溶液:在 100 ℃烘箱内将磷酸二氢钾烘干至恒重,准确称取 0.877 5 g,溶于少量纯水中,加入 5 mL 5 mol · $L^{-1}$ 硫酸溶液及氯仿数滴,定容至 500 mL 容量瓶中,此时每毫升溶液含磷 400 μg。临用时准确稀释 20 倍(20 μg · $mL^{-1}$)使用。

(2)定磷试剂。

17% 硫酸:量取 17 mL 的浓硫酸(相对密度 1.84),缓缓加入 83 mL 蒸馏水中,边加边搅拌。

2.5% 钼酸铵溶液:称取钼酸铵 2.5 g,加入 100 mL 蒸馏水中,混匀后备用。

10% 抗坏血酸(维生素 C)溶液:10 g 抗坏血酸中加入 100 mL 蒸馏水,存储在棕色瓶中,并置于冰箱中。溶液呈淡黄色则可用作试剂,若呈深黄色甚至棕色即试剂失效。

临用时将上述三种溶液与水按如下比例混合,$V$(17% 硫酸):$V$(水):$V$(10% 抗坏血酸溶液):$V$(2.5% 钼酸铵溶液) = 1:2:1:1。

（3）5% 氨水。

（4）30% 过氧化氢。

（5）27% 硫酸:量取硫酸(相对密度 1.84)27 mL,缓缓倒入 73 mL 水中,混匀。

**3. 器材**

克氏烧瓶(50 mL),小漏斗(直径 4 cm),容量瓶(50 mL、100 mL),分光光度计,电炉,电热恒温水浴锅。

【操作步骤】

**1. 磷标准曲线的绘制**

取 9 支试管,按表 20 - 1 编号及加入试剂。

表 20 - 1  磷标准曲线的绘制

| 试剂 | 管号 | | | | | | | | |
|---|---|---|---|---|---|---|---|---|---|
| | 0 | 1 | 2 | 3 | 4 | 5 | 6 | 7 | 8 |
| 标准磷溶液/mL | 0 | 0.05 | 0.1 | 0.2 | 0.3 | 0.4 | 0.5 | 0.6 | 0.7 |
| 蒸馏水/mL | 3.0 | 2.95 | 2.9 | 2.8 | 2.7 | 2.6 | 2.5 | 2.4 | 2.3 |
| 定磷试剂/mL | 3.0 | 3.0 | 3.0 | 3.0 | 3.0 | 3.0 | 3.0 | 3.0 | 3.0 |
| $A_{660}$ | | | | | | | | | |

将上表中溶液混匀,45 ℃水浴锅中保温加热 10 min,冷却至室温,在 660 nm 处测定吸光度。以吸光度为纵坐标、磷含量为横坐标作图。

**2. 总磷的测定**

称取粗核酸 0.1 g,用少量纯水溶解(若不溶,可滴加 5% 的氨水至 pH = 7.0),定容至 50 mL 容量瓶中(此溶液含样品 2 mg·mL$^{-1}$)。

从容量瓶中吸取配制好的溶液 1.0 mL,转移至 50 mL 克氏烧瓶中,加入少量催化剂,再加 4.0 mL 浓硫酸和 3 粒玻璃珠。将克氏烧瓶放在通风橱内,瓶内插一小漏斗,加热,消化至透明时,表示此时消化完成。冷却至室温,将得到的消化液移入 100 mL 容量瓶中,用少量蒸馏水洗涤克氏烧瓶两次,将洗涤液一并倒入容量瓶内,定容至刻度。混匀后吸取 3.0 mL 置于试管中,加定磷试剂 3.0 mL,45 ℃水浴锅中保温加热 10 min,测定 $A_{660}$。

**3. 无机磷的测定**

吸取待测液(2 mg·mL$^{-1}$)1.0 mL,置于 100 mL 容量瓶中,定容至刻度,混匀后吸取 3.0 mL,置于试管中,加定磷试剂 3.0 mL,45 ℃水浴锅中保温加热 10 min,测

定 $A_{660}$。

## 【结果计算】

$$总磷 A_{660} - 无机磷 A_{660} = 有机磷 A_{660}$$

由标准曲线查得有机磷的质量($\mu g$),再根据测定时的取样体积,求得有机磷的质量浓度($\mu g \cdot mL^{-1}$)。按下式计算样品中核酸的质量分数。

$$\omega = \frac{cV \times 11}{m} \times 100\%$$

式中:$\omega$——核酸的质量分数;

$\quad\quad$ $c$——有机磷的质量浓度,$\mu g \cdot mL^{-1}$;

$\quad\quad$ $V$——样品总体积,$mL$;

$\quad\quad$ 11——因核酸中含磷量为9%左右,1 $\mu g$ 磷相当于11 $\mu g$ 核酸;

$\quad\quad$ $m$——样品质量,$\mu g$。

## 【思考题】

1. 采用紫外光吸收法测定样品中的核酸含量,有何优点及缺点?

2. 若样品中含有核苷酸类杂质,应如何校正?

# 第二部分
# 综合性实验

# 实验二十一 植物基因组中 DNA 的分离与测定

## 【目的要求】

通过本实验,学习从植物组织中提取 DNA 的方法。

## 【基本原理】

植物 DNA 的提取程序应包括以下几个方面:(1)必须粉碎细胞壁以释放出细胞内容物,常用的方法是将植物组织在干冰或液氮中快速冷冻,之后用研钵将其研磨成粉末。(2)必须破坏细胞膜使 DNA 释放到提取缓冲液中,这一步骤通常用 SDS(十二烷基硫酸钠)或 CTAB(十六烷基三甲基溴化铵)等来完成,它们的主要作用是使蛋白质变性,使膜蛋白变性,破坏细胞膜。提取缓冲液中还含有 EDTA(乙二胺四乙酸),可螯合大多数核酸酶所需的辅因子($Mg^{2+}$),避免 DNA 受内源核酸酶的降解。(3)得到 DNA 粗提物后,溶液中除 DNA 外还含有大量的 RNA 和蛋白质,蛋白质可通过苯酚或氯仿处理后变性,沉淀除去,绝大部分 RNA 可通过 RNase 处理去除。

## 【试剂及器材】

**1. 试剂**

$2 \times CTAB$:40.9 g NaCl;10 g CTAB;50 mL 1 mol·$L^{-1}$ Tris – HCl(pH = 8.0);20 mL 0.5 mol·$L^{-1}$ EDTA(pH = 8.0),定容至 500 mL,高压灭菌。

TE:1 mol·$L^{-1}$ Tris – HCl 5 mL,0.5 mol·$L^{-1}$ EDTA 1.0 mL,加水定容至 500 mL,高压灭菌。

3 mol·$L^{-1}$ NaAc(pH = 5.2):在 200 mL 水中溶解 102 g 三水合乙酸钠。用乙酸调 pH 值至 5.2,加水定容至 250 mL,高压灭菌。

0.2% 巯基乙醇,氯仿,异丙醇,RNaseA,酚:氯仿:异戊醇 = 25:24:1。

液氮。

**2. 器材**

小型台式离心机,电热恒温水浴锅,电子天平,微量移液器(10 μL、200 μL、1 000 μL),枪头,量筒,研钵,2 mL 离心管,10 mL 离心管,PE 手套和医用乳胶手套。

## 【操作步骤】

**1. 分离**

(1)向 10 mL 离心管中加入 6 mL $2 \times CTAB$,65 ℃预热(CTAB 溶液在低于 15 ℃

时会沉淀析出,因此在加入冷冻的植物材料之前必须预热),预热后加入 10 μL 0.2% 巯基乙醇,作为抗氧化剂。

（2）用液氮将研磨棒、研钵预冷,将 3 g 新鲜叶片放入研钵中,在液氮中迅速研磨成粉末,待液氮挥发干净后,转移至含 CTAB 缓冲液的离心管中,迅速振荡混匀,使植物组织在提取缓冲液中均匀分离。置于 65 ℃ 水浴摇床中保温 0.5 h。

（3）冷却至室温后,将提取液均分到两只 10 mL 离心管中,加等量 3 mL 氯仿,颠倒混匀,于空气摇床摇 10 min。室温 12 000 r·min$^{-1}$,离心 10 min。

（4）离心后用去头的枪头将上清液转到新的 2 mL 离心管中,每管装 0.75 mL,加入等量的 1 mL 的预冷的异丙醇,轻缓颠倒,混合均匀。室温放置 10 min,沉淀 DNA。室温 12 000 r·min$^{-1}$,离心 10 min。

（5）弃去上清液,干燥后(用无菌操作台通风干燥),加入 0.5 mL TE 溶解沉淀。

（6）加入 10 μL RNase(10 mg·mL$^{-1}$),37 ℃ 保温 30 min,去除 DNA 中的 RNA。

（7）加入等量(0.5 mL)的酚：氯仿：异戊醇(25：24：1),振荡混匀。室温 12 000 r·min$^{-1}$,离心 10 min,进一步除去蛋白质。用去头枪头将上清液转到新的离心管中。

（8）加入 1/5 体积(0.1 mL)的 3 mol·L$^{-1}$ NaAc(pH = 5.2),2 倍体积(1 mL 左右)的冰乙醇,缓慢混匀,室温放置 10 min,DNA 沉淀析出。4 ℃,12 000 r·min$^{-1}$,离心 10 min。

（9）弃上清液,干燥 2 min,溶于 200 μL TE 中,4 ℃ 溶解并保存备用。

**2. 测定：紫外法**

（1）用无菌的去离子水对待测 DNA 样品进行 1：100 倍的稀释(20 μL 样品加 1 980 μL 去离子水)。

（2）分别测定样品的 $A_{260}$ 和 $A_{280}$。

## 【结果计算】

对于 ssDNA：

$$[ssDNA] = 33 \times (A_{260} - A_{310}) \times 稀释倍数$$

对于 dsDNA：

$$[dsDNA] = 50 \times (A_{260} - A_{310}) \times 稀释倍数$$

对于 ssRNA：

$$[ssRNA] = 40 \times (A_{260} - A_{310}) \times 稀释倍数$$

以上浓度单位为 μg·mL$^{-1}$。

由于测定 $A_{260}$ 时,难以排除 RNA、染色体 DNA,以及 DNA 解链的增色效应等因素,因此测得的数据往往比实际浓度高。

衡量所提取 DNA 的纯度可用 $A_{260}$ 与 $A_{280}$ 的比值。$A_{260}/A_{280}$ 对 DNA 而言,其值大约

为 1.8,高于 1.8 则可能有 RNA 污染,低于 1.8 则有蛋白质污染。当 $A_{260}/A_{280} < 0.9$ 时,该样品可适当稀释,用 TE 饱和的酚、氯仿 – 异戊醇各抽一次,再用无水乙醇沉淀,抽干,TE 悬浮,再用紫外 – 可见分光光度计测定。当 $A_{260}/A_{280}$ 的比值大于 2 时,则 RNA 浓度过高,要去除 RNA。

## 【注意事项】

在低于 15 ℃时,CTAB 溶液会析出沉淀,因此将其加入到冷冻的植物材料中之前必须预热。

## 【思考题】

1. 提取缓冲液中 CTAB 或 EDTA 的作用是什么?
2. 怎样除去 DNA 粗提物中的蛋白质和 RNA?

# 实验二十二　质粒 DNA 的提取

## ——碱裂解法

## 【目的要求】

学习和掌握碱裂解法提取质粒的方法。

## 【基本原理】

质粒是细菌染色体外的小型环状双链 DNA 分子,质粒分子本身含有复制功能的遗传结构,故能在细菌内独立进行复制,并在细胞分裂时传递给子代细胞。在细胞内,质粒 DNA 有三种构型:

(1)共价闭合环状 DNA(cccDNA)常以超螺旋形式存在,称为超螺旋 DNA(scDNA)。

(2)如果两条链有一条链断裂,分子就能旋转消除超螺旋,形成松弛型的 DNA,称为开环 DNA(ocDNA)。

(3)如果两条链同时断裂,就会形成线性 DNA,称为 lDNA。

所以提取后的质粒 DNA 在电泳中应呈现三条区带,scDNA 走在凝胶的最前面,ocDNA 走在凝胶的最后面,lDNA 走在凝胶的中间部位。

碱裂解法是一种使用最广泛的制备质粒 DNA 的方法,是当今分子生物学研究中的常规方法。碱裂解法提取质粒是根据共价闭合环状质粒 DNA 与线性染色体 DNA 变性与复性的差异达到分离目的的。抽提过程中在加入 NaOH 和 SDS 后,SDS 使细胞裂解,碱性条件使 DNA 的氢键断裂,染色体 DNA 的双螺旋结构解开而变性,而闭合环状的质粒 DNA 的两条链不会完全分离,当加入醋酸钾高盐缓冲液后,溶液恢复中性,染色体 DNA 没来得及复性,就在冰冷的条件下与 SDS-蛋白质复合物、高相对分子质量的 RNA 等缠绕在一起而沉淀下来,通过离心可除去大部分细胞碎片、染色体 DNA、RNA 及蛋白质。而质粒 DNA 仍为可溶状态,尚在上清液中,再用酚/氯仿抽提、纯化质粒 DNA,用异丙醇或乙醇沉淀可将之纯化出来。

## 【试剂及器材】

### 1. 试剂

溶液 I(GTE 溶液):50 mmol·L$^{-1}$葡萄糖,25 mmol·L$^{-1}$ Tris-HCl(pH = 8.0),10 mmol·L$^{-1}$ EDTA(pH = 8.0)。9 g 葡萄糖,3.02 g Tris-HCl,3.72 g EDTA-2Na·2H$_2$O 定容于 1 000 mL 容量瓶中,调节 pH = 8.0。

溶液Ⅱ：临用前配制 1 g SDS + 2 mL 10 mol·L⁻¹ NaOH，定容至 100 mL。

溶液Ⅲ：临用前配制 5 mol·L⁻¹ 醋酸钾 6.0 mL；乙酸 11.5 mL，加水定容至 100 mL。

**2. 器材**

摇床，2 mL 离心管，冷冻离心机，漩涡振荡器，高压灭菌锅，无菌操作台，微量移液器(10 μL、200 μL、1 000 μL)、枪头、PE 手套，容量瓶(100 mL、1 000 mL)。

## 【操作步骤】

**1. 提取**

(1)细菌的收获

①在试管中加入 5 mL LB 液体培养基，接入 *E. coli* 菌株的单一菌落，37 ℃摇床培养过夜。

②将培养物转至 2 mL 离心管中，4 ℃，12 000 r·min⁻¹，离心 2 min，弃上清液。

(2)碱裂解

①用 100 μL 冰预冷的溶液Ⅰ充分悬浮细菌沉淀。在漩涡振荡器上剧烈振荡使菌体充分悬浮、分散，混匀，室温静置 5 min。

②加入 200 μL 新配制的溶液Ⅱ，轻轻地翻转混合，冰上静置 5 min，使菌体充分裂解。

③加入 150 μL 用冰预冷的溶液Ⅲ，在漩涡振荡器上剧烈振荡，冰上静置 5 min。

④4 ℃，12 000 r·min⁻¹离心 5 min，取上清液。

⑤将上清液用等体积的饱和酚：氯仿：异戊醇(25∶24∶1)抽提 1 次。

⑥取上清用等体积的氯仿抽提 1 次。

⑦取上清液加入 2 倍体积的无水乙醇，混匀后室温放置 10 min，沉淀质粒 DNA。

⑧4 ℃，12 000 r·min⁻¹，离心 10 min，得到质粒 DNA 沉淀。

⑨用 200 μL 70% 乙醇洗涤 1 次，12 000 r·min⁻¹，离心 5 min。弃上清，室温干燥沉淀 10 min。

⑩沉淀溶于 20 μL TE 中，在 -20 ℃放置待用。

**2. 电泳检测**

(1)琼脂糖凝胶制备：参见实验二十五。

(2)电泳样品的处理、进样和电泳：

①用微量移液器在加样孔中加入 10 μL DNA Marker。

②将 DNA 样品与加样缓冲液混合(6 μL DNA 样品 + 2 μL 6×加样缓冲液)，用微量移液器将 8 μL 样品加入加样孔中。

③正确连接点样槽和电泳仪，设定稳压为 120 V，电泳 30 min 左右。

## 【结果计算】

将凝胶取出,放入凝胶成像系统中检测,照相,观察结果。对照 DNA Marker,比较分离的 DNA 样品大小。

## 【思考题】

碱裂解法制备质粒 DNA 的原理。

# 实验二十三 土壤基因组 DNA 的提取与测定

## 【目的要求】

1. 通过本实验学习从土壤中提取 DNA 的方法。
2. 熟悉分子生物学常见试剂盒的使用。

## 【基本原理】

试剂盒可以将土壤样本中的腐植酸尽可能地去除,并且配有的玻璃珠可有效破碎土壤样本中的各种复杂成分,保证从土壤中提取的基因组 DNA 的完整性。回收的 DNA 杂质少,完整性好,可直接用于 PCR、酶切等其他分子生物学实验。试剂盒与离心柱法纯化相结合,提取的 DNA 纯度很高。

## 【试剂及器材】

**1. 试剂**

E. Z. N. A.® Soil DNA Kit。

**2. 器材**

漩涡振荡器、冷冻离心机、电热恒温水浴锅、微量移液器(10 μL、200 μL、1 000 μL)、枪头、离心管(2 mL、15 mL)、PE 手套。

## 【操作步骤】

**1. 基因组 DNA 提取**

(1)0.5 g 的土壤样品加入 2 mL 离心管中,加入 1 mL SLX – Mlus Buffer。振荡 5 min 至样品被打散。

(2)加入 100 μL DS Buffer,混匀。

(3)70 ℃温浴 10 min。过程中振荡样品两次,以充分混匀样品。选做:对于样品中革兰氏阴性菌较多的样品,90 ℃温浴两次,裂解 2 min。

(4)3 000 r·min⁻¹ 离心 3 min,将 800 μL 上清液加入到新的 2 mL 离心管中。加入 270 μL 的 P2 Buffer,振荡 2 min,充分混匀样品。

(5)冰浴 5 min。4 ℃,12 000 r·min⁻¹ 离心 5 min。

(6)小心转移上清液至一个新的离心管中,注意不要打散沉淀或转移任何细胞碎片。加入 0.7 倍体积的异丙醇,并颠倒离心管 20～30 次以混匀样品。如果土壤样品中的 DNA 含量低,请于 –20 ℃放置 1 h。

（7）4 ℃,12 000 r·min⁻¹离心 10 min。

（8）小心倒掉上清液,并确保 DNA 沉淀不被倒出。将离心管倒置在吸水纸上 1 min,以除去多余样品。

（9）加入 200 μL 的 DS Buffer,并振荡 10 s。65 ℃温浴 10～20 min,以溶解 DNA 沉淀。短暂离心以收集黏在离心管壁上的液体。

（10）剧烈振荡 HTR 试剂,以确保颗粒被均匀重悬。加入 50～100 μL 的 HTR 溶液并振荡 10 s。

（11）室温下放置 2 min,12 000 r·min⁻¹离心 2 min。

（12）转移上清液至一个新的离心管中。注意:如果上清液仍然呈现较重的颜色,重复 HTR 抽提步骤（10）～（12）。

（13）在土壤裂解液中加入等体积的 XP 1 Buffer,振荡样品以混匀样品。

（14）将所有样品（包括产生的所有沉淀）转移到一个套有 2 mL 收集管的 HiBind DNA Mini Columns 中。室温下 12 000 r·min⁻¹离心 1 min,弃去滤出液体。

（15）将 HiBind DNA Mini Columns 重新套到原来的收集管中,加入 300 μL 的 XP1 Buffer。室温下 12 000 r·min⁻¹离心 1 min,弃去滤出液体。

（16）将柱子套到另一个收集管上,加入 700 μL SPW Wash Buffer（已用 96%～100%的无水乙醇稀释）,室温下 12 000 r·min⁻¹离心 1 min,弃去滤出液体。

（17）再次加入 700 μL SPW Wash Buffer（已用 96%～100%的无水乙醇稀释）,室温下 12 000 r·min⁻¹离心 1 min,弃去滤出液体。

（18）12 000 r·min⁻¹空柱离心 2 min,以甩干柱子的膜基质。

（19）把柱子套到一个 1.5 mL 离心管上。加入 30～50 μL 的 Elution Buffer（或无菌去离子水）至柱子的膜中央,然后放置于 65 ℃温浴 5 min。

（20）室温下 12 000 r·min⁻¹离心 1 min 以洗脱 DNA,−20 ℃保存。

**2. 测定:凝胶电泳检测**

同实验二十五。

## 【结果计算】

将凝胶取出,放入凝胶成像系统中检测,照相,观察结果。对照 DNA Marker,比较分离的 DNA 样品大小。

## 【思考题】

试述试剂盒所包含的几个重要部分的作用。

# 实验二十四 聚合酶链式反应(PCR)

## 【目的要求】

通过本实验学习 PCR 反应的基本原理和实验技术。

## 【基本原理】

PCR 技术类似于 DNA 的自然复制过程,它是一种在体外快速扩增 DNA 的方法。待扩增的 DNA 片段的两侧是与其互补的两个寡核苷酸引物。PCR 由三个基本反应步骤组成——变性—退火—延伸。(1)模板 DNA 的变性:模板 DNA 是在加热到约93 ℃一段时间后,使模板 DNA 双链或经 PCR 扩增形成的双链 DNA 解离,以便与引物结合,为下一轮反应做准备。(2)模板 DNA 和引物的退火(重折叠):模板 DNA 通过加热变性为单链后,温度降低至约 55 ℃,引物与模板 DNA 单链的互补序列配对结合。(3)引物延伸:DNA 模板 – 引物结合物在 Taq DNA 聚合酶的作用下,以 dNTP 为反应物质,靶序列为模板,按碱基互补配对原理和半保留复制原理,合成一条新的与模板 DNA 链互补的半保留复制链。重复循环变性—退火—延伸过程,可以获得更多的"半保留复制链",这个新链可以成为下一个循环的模板。每个循环完成需要 2 ~ 4 min,待扩增的目的基因可以在 1 ~ 2 h 内扩增一百万次。

## 【试剂及器材】

### 1. 试剂

Taq DNA 聚合酶及配套试剂。

### 2. 器材

2 mL 离心管,冷冻离心机,微量移液器(10 μL、200 μL、1 000 μL),枪头,PCR 管,PCR 仪,PE 手套。

## 【操作步骤】

1. 在冰上建立如下 PCR 反应体系,按顺序在 PCR 管内分别加入表 24-1 所示试剂。

表 24-1　加入试剂的量

| 药品 | 体积 |
| --- | --- |
| 10×缓冲液 | 5 μL |
| $MgCl_2(2.5\ mmol \cdot L^{-1})$ | 3 μL |
| dNTP(10 mmol $\cdot L^{-1}$) | 4 μL |
| 模板 DNA(1 μg $\cdot μL^{-1}$) | 1 μL |
| 引物 1 (10 μmol $\cdot L^{-1}$) | 5 μL |
| 引物 2 (10 μmol $\cdot L^{-1}$) | 5 μL |
| Taq DNA 聚合酶(5 U $\cdot μL^{-1}$) | 0.5 μL |
| 无菌去离子水 | 26.5 μL |
| 总体积 | 50 μL |

2. 将 PCR 管放入预热的 PCR 仪中,按如下程序操作:

$$
\begin{array}{ll}
95\ ℃ & 5\ min \\
94\ ℃ & 60\ s \\
36\ ℃ & 50\ s \\
72\ ℃ & 60\ s \\
72\ ℃ & 10\ min \\
4\ ℃ & \infty
\end{array}
$$

$\left.\begin{array}{l} 94\ ℃ \\ 36\ ℃ \\ 72\ ℃ \end{array}\right\}$ 30 个循环

3. 电泳检测:

参见实验二十五。

## 【结果计算】

将凝胶取出,放入凝胶成像系统中检测,照相,观察结果。对照 DNA Marker,比较分离的 DNA 样品大小。

## 【思考题】

1. PCR 反应的原理是什么?

2. PCR 反应体系包括哪些成分?

# 实验二十五 琼脂糖凝胶电泳检测 DNA

## 【目的要求】

通过本实验学习琼脂糖凝胶电泳检测 DNA 的方法和技术。

## 【基本原理】

分离出细胞的总 DNA 后,用琼脂糖凝胶电泳检测 DNA 分子的纯度和完整性是很有必要的。电泳是目前用于分离和纯化 DNA/RNA 片段的最常用技术。当制备"胶"(含有电解质的多孔载体介质)在静电场中时,DNA 分子向阳极移动,因为当 pH 值高于 DNA 的等电点时,DNA 分子带负电,以及 DNA 分子双螺旋骨架两侧带有含负电荷的磷酸残基。在给定的电场强度下,DNA 分子的迁移速率取决于 DNA 分子本身的大小和形状。具有不同相对分子质量的 DNA 片段,其迁移速率也不一样,DNA 分子迁移速率与相对分子量成反比。

依据制备凝胶的材料,可将凝胶电泳分为两类:琼脂糖凝胶电泳和聚丙烯酰胺凝胶电泳(PAGE)。聚丙烯酰胺凝胶电泳分离小片段的 DNA(5~500 bp)效果最好,分辨率极高,相差 1 bp 的片段都能分开。琼脂糖凝胶电泳的分辨能力低,但其分离范围较广,用不同浓度的琼脂糖凝胶可分离 200 bp~50 kb 的 DNA 片段。

EB(溴化乙锭)是一种高度灵敏的嵌入性荧光染色剂,它在紫外灯照射下能发射荧光,当 DNA 样品在琼脂糖凝胶中电泳时,琼脂糖凝胶中的 EB 就插入 DNA 分子中,使 DNA 发射的荧光增强几十倍,电泳后可直接通过紫外灯照射检测到琼脂糖中的 DNA。

上样缓冲液(loading buffer)可增大样品浓度,确保 DNA 均匀进入样品孔内,而且溴酚蓝和二甲苯腈蓝 FF 呈蓝色,使加样操作更为便利。溴酚蓝在琼脂糖凝胶中的移动速率约为二甲苯腈蓝 FF 的 2.2 倍,溴酚蓝在琼脂糖凝胶中的移动速率约与长 300 bp 的 dsDNA 相同,而二甲苯腈蓝 FF 在琼脂糖凝胶中的移动速率与 4 kb 的 dsDNA 相同。

## 【试剂及器材】

### 1. 试剂

琼脂糖、EB、DL15000 DNA Marker。

$50 \times TAE$:242 g Tris - base,57.7 mL 乙酸,溶于 100 mL 0.5 mol·L$^{-1}$ EDTA(pH = 8.0)中。

**2. 器材**

电泳仪,电泳槽,凝胶成像系统,微量移液器(10 μL、200 μL、1 000 μL),枪头,PE手套。

## 【操作步骤】

**1. 琼脂糖凝胶制备**

(1)制备1%的琼脂糖溶液:取0.3 g琼脂糖溶于30 mL 1×TAE溶液中,在微波炉中加热至全部溶化,使溶液冷却至60 ℃左右,加入浓度为10 mg·mL$^{-1}$的EB溶液0.5 μL,摇匀。

(2)放好胶床,插好梳子。将温热的琼脂糖倒入胶床中,注意不要产生气泡,凝胶厚度在0.3~0.5 mm,凝固30 min。

(3)凝胶完全凝固后,小心移去梳子,将胶板放到电泳槽内,加样孔一侧靠近阴极(黑色接线柱)。

(4)向电泳槽中加入适量的TAE缓冲液,通常缓冲液高于胶板1 cm左右。

**2. 电泳样品的处理、进样和电泳**

(1)用微量移液器在加样孔中加入10 μL DNA Marker。

(2)分别将DNA样品与上样缓冲液混合(20 μL DNA样品 +4 μL 6×上样缓冲液),用微量移液器将24 μL样品加入加样孔中。

(3)正确连接电泳槽和电泳仪,设定稳压为120 V,电泳30 min左右。

## 【结果计算】

将凝胶取出,放入凝胶成像系统中检测,照相,观察结果。对照DNA Marker,比较分离的DNA样品大小。

## 【注意事项】

EB是剧毒物质,电泳过程在独立区域内完成。

## 【思考题】

1. 上样缓冲液的作用是什么?
2. 琼脂糖中加入EB的作用是什么?
3. 电泳时为什么DNA分子向阳极移动?

# 实验二十六 SDS – PAGE
# 电泳测定蛋白质相对分子质量

## 【目的要求】

1. 学习 SDS – PAGE 测定蛋白质相对分子质量的原理。
2. 掌握垂直板电泳的操作方法。

## 【基本原理】

SDS 破坏氢键、破坏蛋白质结构。在强还原剂(如 β – 巯基乙醇)存在的情况下,蛋白质分子内的二硫键被打开且不易再氧化,SDS 以其疏水基和蛋白质的疏水区相结合,形成牢固的带负电荷的 SDS – 蛋白质复合物。大量 SDS 的结合,导致蛋白质失去其原始的电荷状态,形成仅保留原始分子大小的阴离子团块,从而减少或消除各种蛋白质分子之间的天然电荷差异。由于 SDS 与蛋白质的结合与质量是成比例的,因此蛋白质分子在电泳过程中的迁移速率取决于分子的大小。

蛋白质的迁移速率与相对分子质量的对数形成线性关系,蛋白质的相对分子质量范围为 15 kD ~ 200 kD,且符合下式:$\lg M_w = k - bx$,其中 $M_w$ 为相对分子质量,$x$ 为迁移速率,$k$、$b$ 为常数,如果将已知相对分子质量的标准蛋白质的迁移速率与相对分子质量的对数作图,则可获得一条标准曲线,同理在相同条件下对未知蛋白质进行电泳,就可根据电泳迁移速率在标准曲线上确定相对分子质量。

## 【试剂及器材】

**1. 试剂**

1.5 mol · $L^{-1}$ Tris – HCl pH = 8.8:将 45.375 g Tris – base 溶解在 150 mL 去离子水中,用浓 HCl 调 pH 值至 8.8,补水至 250 mL。

0.5 mol · $L^{-1}$ Tris – HCl pH = 6.8:将 15.125g Tris – base 溶解在 150 mL 去离子水中,用浓 HCl 调 pH 值至 6.8,补水至 250 mL。

10% SDS:将 10 g SDS 溶解于 90 mL 去离子水中,加热至 68 ℃助溶,调 pH 值至 7.2,定容至 100 mL。

30% 丙烯酰胺:将 29 g 丙烯酰胺和 1 g 甲叉双丙烯酰胺溶解于总体积为 60 mL 的水中,加热至 37 ℃溶解,补加水至终体积为 100 mL。

10% 过硫酸铵(AP):将 1.0 g AP 溶解于 10 mL 去离子水中,冰箱中保存,现用现配。

TEMED(四甲基乙二胺):避光保存。

10×TBE:15 g Tris – base,72 g 甘氨酸,5 g SDS,溶于 500 mL 去离子水中。

0.2%考马斯亮蓝染色液:将 1 g 考马斯亮蓝 R250 溶于 250 mL 甲醇中,加入 231.975 mL 去离子水和 18.025 mL 乙酸。

脱色液:300 mL 甲醇,100 mL 乙酸,600 mL 去离子水。

**2.器材**

垂直板电泳槽,电泳仪,微量移液器(10 μL、200 μL、1 000 μL),枪头,吹风机,lomL 移液管。

## 【操作步骤】

1.用蒸馏水清洗玻璃板并晾干,并准备好两个干净的烧杯。

2.将玻璃板固定在灌胶支架上。

3.分离胶按比例(表 26 – 1)配好,用 10 mL 移液管快速加入大约 6 mL,再加入少许蒸馏水,最后静置 40 min。为了使分离胶上沿平直必须进行水封,并排除多余气泡。胶与水层之间形成清晰的界面则为凝胶聚合成功。凝胶配制过程一定要迅速,TEMED 催化剂要在注胶前快速加入,避免产生气泡,注胶必须一次性完成。

表 26 – 1　分离胶制备

| 试剂 | 体积 |
| --- | --- |
| 30% 丙烯酰胺 | 4.2 mL |
| 1.5 mol · L$^{-1}$ Tris – HCl pH = 8.8 | 2.5 mL |
| 去离子水 | 3.1 mL |
| 10% SDS | 100 μL |
| 10% AP | 70 μL |
| TEMED | 25 μL |

4.倒出水,用滤纸吸干剩余的水分,按比例混合浓缩胶(表 26 – 2),将浓缩胶平稳连续地加入距边缘 5 mm 处,并快速插入样梳,静置 40 min(样梳需一次平稳插入,梳口处不得有气泡,梳底需水平)。

表 26 - 2 浓缩胶制备

| 试剂 | 体积 |
|------|------|
| 30% 丙烯酰胺 | 0.8 mL |
| 0.5 mol · L$^{-1}$ Tris – HCl pH = 6.8 | 0.75 mL |
| 去离子水 | 4.3 mL |
| 10% SDS | 60 μL |
| 10% AP | 60 μL |
| TEMED | 20 μL |

5. 静置后,在电泳槽内加入缓冲液后,准确垂直地拔出样梳(要使锯齿孔内的气泡全部排出,否则会影响加样效果)。

6. 加样之前,将样品在沸水中加热 3 min 以除去亚稳态聚合。枪头不应该太低,以防胶体穿刺,也不应该太高,因为在样下沉时它会扩散。

7. 接通电源,进行电泳,启动时电流恒定在 30 mA,当进入分离胶后变为 60 mA,溴酚蓝距离凝胶边缘约 5 mm 时,关闭电源停止电泳。

8. 凝胶板剥离与染色:电泳完成后,撬开玻璃板,标记凝胶板,置于大培养皿内,加入染色液染色 2 ~ 3 min。

9. 脱色:将染色的凝胶用蒸馏水漂洗几次,再用脱色液脱色,直至蛋白质区带清晰。

## 【结果计算】

1. 制作标准曲线。

2. 按下式计算相对迁移率:

相对迁移率 = 蛋白质带迁移距离(cm)/溴酚蓝迁移距离(cm)

通过绘制每个蛋白质标准品的相对分子质量的对数与其相对迁移率的关系来获得标准曲线,并且可以通过测量未知蛋白质的相对迁移率来测量未知蛋白质的相对分子质量,这样的标准曲线只对同一块凝胶上样品的相对分子质量的测定具有可靠性。

## 【注意事项】

1. 指示剂呈微笑符号(指示剂前部为向上的曲线形),表示凝胶冷却不均匀,中间部分冷却不好,导致分子有不同的迁移率。

2. 指示剂呈微笑符号(指示剂前部为向下的曲线形),表示电泳槽设备不合适,导致凝胶和玻璃板组成的"三明治"的底部在靠近隔片处凝胶聚合不完全,以及产生气泡。

**【思考题】**

1. 在不连续体系 SDS – PAGE 中,当分离胶加完后,必须在其上加一层水,这是为什么?

2. 在不连续体系 SDS – PAGE 中,分离胶与浓缩胶均含有 TEMED 和 AP,试叙述其作用。

# 实验二十七　血清蛋白乙酸纤维素薄膜电泳

## 【目的要求】

1. 掌握乙酸纤维素薄膜电泳的原理及操作。
2. 定量测定人血清中各种蛋白质的相对百分含量。

## 【基本原理】

乙酸纤维素薄膜电泳以乙酸纤维素薄膜为支持物。乙酸纤维素,是纤维素的羟基乙酰化所形成的纤维素乙酸酯。它溶于丙酮等有机溶液中,涂成均一细密的微孔薄膜,厚度以 0.1 mm 左右为宜:太厚,吸水性差,分离效果不好;太薄,膜片缺少应有的机械强度,则易碎。乙酸纤维素薄膜电泳广泛用于血清蛋白、血红蛋白、球蛋白、脂蛋白、糖蛋白、甲胎蛋白、类固醇激素及同工酶等的分离分析中。它具有简单、快速等优点。电泳是带电粒子在电场中泳动的现象,影响电泳速度的因素:带电量、分子大小、形状、电压、缓冲液成分、pH、离子强度、温度等。

人血清蛋白的等电点及迁移率如表 27-1 所示。

表 27-1　等电点与迁移率

| 蛋白质名称 | 等电点 | 泳动度/$(cm^2 \cdot V^{-1} \cdot S^{-1})$ | 相对分子质量 |
| --- | --- | --- | --- |
| 清蛋白 | 4.88 | $-5.9 \times 10^{-5}$ | 69 000 |
| $\alpha_1$ 球蛋白 | 5.06 | $-5.1 \times 10^{-5}$ | 200 000 |
| $\alpha_2$ 球蛋白 | 5.06 | $-4.1 \times 10^{-5}$ | 300 000 |
| $\beta$ 球蛋白 | 5.12 | $-2.8 \times 10^{-5}$ | 9 000 ~ 150 000 |
| $\gamma$ 球蛋白 | 6.85 ~ 7.50 | $-1.0 \times 10^{-5}$ | 156 000 ~ 300 000 |

## 【试剂及器材】

### 1. 试剂

巴比妥 - 巴比妥钠缓冲液(pH = 8.6,0.07 mol·L$^{-1}$,离子强度 0.06):称取巴比妥 1.66 g 和巴比妥钠 12.76 g,溶于少量蒸馏水中,定容至 1 000 mL。

染色液:称取氨基黑 10B 0.5 g,加入蒸馏水 40 mL、甲醇 50 mL、乙酸 10 mL,混匀,在具塞试剂瓶内贮存。

漂洗液:取 95% 乙醇 45 mL,乙酸 5 mL,蒸馏水 50 mL,混匀,在具塞试剂瓶内贮存。

透明液:甲液取乙酸 15 mL、无水乙酸 85 mL,混匀,装入试剂瓶内,塞紧瓶塞,备用。乙液取乙酸 25 mL、无水乙酸 75 mL,混匀,装入试剂瓶内,塞紧瓶塞,备用。

$0.4 \text{ mol} \cdot \text{L}^{-1}$ 氢氧化钠溶液:称取 16 g NaOH,用少量蒸馏水溶解后定容到 1 000 mL。

**2. 器材**

乙酸纤维素薄膜,点样器,电泳槽,电泳仪,滤纸,玻璃板,吹风机。

## 【操作步骤】

### 1. 薄膜的准备

缓慢地将薄膜放入装有缓冲液的培养皿中,轻轻地用镊子按压,将其完全浸入缓冲液中。大约半小时,薄膜完全饱和后,将其取出,将其夹在干净的滤纸中间,并轻轻吸出。过量的缓冲区,同时区分光泽面和亚光面。找到亚光面,并将其放下。剪下适当尺寸的滤纸条,取双层附着在电泳槽的支架上,使其一端与支架的前缘对齐,另一端浸入电泳槽的缓冲液中。使用缓冲液完全润湿滤纸并驱除气泡,使滤纸靠近支架,这就是"滤纸桥"。以相同的方式,在另一个电泳槽的支架上制作相同的"滤纸桥"。两个电泳槽中的缓冲液的液位通过平衡装置调至水平。平衡后,应关闭平衡装置的活塞(或取下平衡管)。

### 2. 点样

在薄膜无光泽面点样。点样区距负极端 1.5 cm。点样时,再用点样器蘸取待测血清印在薄膜的点样区内。注意:应使血清均匀地分布在点样区内,形成具有一定宽度、粗细均匀的直线,切不可用力过大把薄膜弄破。

### 3. 电泳

已点样的薄膜无光泽面向下贴在电泳槽支架的滤纸桥上,平衡 10 min。调节电压和电流强度,调节到薄膜每厘米宽的电流强度为 0.3 mA,通电 10~15 min 后,再将电压提高到薄膜每厘米长度电压为 10 V 左右,薄膜每厘米宽的电流强度调整为 0.4~0.6 mA。在电泳过程中,应注意控制电压和电流强度,防止过高或偏低。待电泳区带展开约 35 cm 时,关闭电源,一般通电时间约为 60 min。

### 4. 染色

用镊子取出薄膜,直接浸入染色液中,染色 5 min,然后用漂洗液浸洗,每隔 10 min 左右换一次漂洗液,连续更换三次,可使背景颜色脱去,将膜夹在干净的滤纸中,吸去多余的溶液。操作中,要注意控制染色和漂洗的时间,防止背景过深或某些区带太浅。

**5. 透明**

将染色后漂洗干净的薄膜用滤纸吸干,浸入甲液中,浸泡 2 min 后立即浸入乙液中,浸泡 1 min,然后迅速取出薄膜,紧贴在玻璃板上,不能有气泡。放置 10 min 后,用吹风机吹干。将玻璃板上透明的薄膜润湿后,撬起一端后将膜轻轻撕下。用书压平,使其成为色泽鲜艳又透明的血清蛋白乙酸纤维素薄膜电泳图谱,可长期保存不褪色。

## 【结果计算】

一般在染色后的薄膜上可显现清楚的五条区带,如图 27 - 1 所示。从正极端起依次为清蛋白、$\alpha_1$ 球蛋白、$\alpha_2$ 球蛋白、$\beta$ 球蛋白和 $\gamma$ 球蛋白。

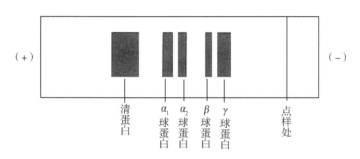

图 27 - 1  血清蛋白乙酸纤维素薄膜电泳图谱示意图

## 【注意事项】

染色液、漂洗液和透明液应在密封的瓶子内贮存,否则易挥发的成分蒸发,使溶液中各组分的配比发生改变,从而影响实验结果,在气温较高的季节,更要十分注意,特别是透明液。

## 【思考题】

说明乙酸纤维素薄膜用作电泳支持物的优点。

# 实验二十八  基因的克隆、鉴定及生物信息学分析

## 【目的要求】

设计一套实验方案,以转基因植物为材料,进行 PCR 克隆鉴定。

## 【基本原理】

基因克隆、鉴定。查阅生物信息学分析资料,获得相关的资料。选择材料,设计实验方案。

## 【操作步骤】

1. 选定 PCR 分析的外源基因序列。
2. 利用国际基因文库信息资源,获得外源基因序列。
3. 设计 PCR 引物。
4. 提取植物基因组 DNA。
5. 进行 PCR 分析。

## 【结果计算】

对 PCR 产物进行电泳检测。

## 【注意事项】

1. 根据植物材料,选定 PCR 分析的外源基因序列,设计相应的 PCR 引物。
2. 植物基因组 DNA 的提取方法很多,请酌情选用。
3. 优化 PCR 工作条件。

## 【思考题】

以实验小组为单位,以研究论文格式书写实验报告交任课教师批阅。

## 【相关软件】

http://cn. expasy. org/tools/scanprosite/

http://www. ncbi. nlm. nih. gov/

http://ccnt. hsc. usc. edu/cpgislands/

http://www. ncbi. nlm. nih. gov/orffinder

http://www. ncbi. nlm. nih. gov/genome/sts

# 第三部分
# 研究性实验

# 实验二十九 玉米超氧化物歧化酶 (SOD)的分离纯化、活力测定

## 【目的要求】

掌握 SOD 的分离纯化、SOD 的活力测定方法。

## 【基本原理】

超氧化物歧化酶(SOD)能通过歧化反应清除生物细胞中的超氧自由基($O_2^-$),生成 $H_2O_2$ 和 $O_2$。$H_2O_2$ 由过氧化氢酶(CAT)催化生成 $H_2O$ 和 $O_2$,从而减少自由基对有机体的毒害。

在玉米中,SOD 主要存在于胚芽中,当将萌发的玉米籽粒打浆破碎后,以中性盐沉降其蛋白质部分,SOD 就存在于沉淀中,但其中有许多杂蛋白,因此在盐析时先用 40% $(NH_4)_2SO_4$ 去除杂蛋白部分,再用 90% $(NH_4)_2SO_4$ 饱和上清液,经过一段时间后,再将盐析液离心,取其沉淀进行透析,一定时间后,则其中的 SOD 成分即被浓缩分离。SOD 活力测定的方法有多种,本实验采用氯化硝基四氮唑蓝(NBT)光还原法。其原理为:核黄素在有氧条件下能产生 $O_2^-$,当加入 NBT 后,在光照条件下,$O_2^-$ 可将 NBT 还原为蓝色的甲腙,后者在 560 nm 波长处有最大吸光度。当加入 SOD 时,可以使 $O_2^-$ 与 $H^+$ 结合生成 $H_2O_2$ 和 $O_2$,从而抑制 NBT 光还原的进行,使蓝色甲腙生成速度减慢。SOD 加入量与光还原抑制百分率在一定范围内呈线性关系,以每分钟引起 50% 光还原抑制百分率的酶量作为一个酶活单位(U)。

## 【试剂及器材】

### 1. 试剂

次氯酸钠、苯甲酸钠、$(NH_4)_2SO_4$。

50 mmol·$L^{-1}$ pH = 7.8 磷酸缓冲液。溶液 A:称取 71.632 g $Na_2HPO_4$·$12H_2O$,用蒸馏水稀释至 1 L;溶液 B:称取 3.12 g $NaH_2PO_4$·$2H_2O$,用蒸馏水稀释至 100 mL。配制成 pH = 7.8 的磷酸缓冲液。

0.13 mol·$L^{-1}$ 甲硫氨酸溶液。准确称取 L-甲硫氨酸 0.194 0 g 于 100 mL 小烧杯中,用少量 0.1 mol·$L^{-1}$ pH = 7.8 的磷酸钠缓冲液溶解后,定容至 100 mL,充分混匀(现用现配)。4 ℃冰箱中保存,可用 1~2 d。

0.75 mmol·$L^{-1}$ NBT 溶液。准确称取 NBT($M_r$ = 817.7)0.153 3 g 溶于 100 mL 小烧杯中,用少量蒸馏水溶解后,移入 250 mL 容量瓶中,用蒸馏水定容至刻度,充分混

匀(现配现用)。4 ℃冰箱中保存,可用 2~3 d。

0.1 mmol·L⁻¹ EDTA 二钠溶液(0.02 mmol·L⁻¹核黄素)。A 液:准确称取 EDTA 0.002 92 g 于 50 mL 小烧杯中,用少量蒸馏水溶解。B 液:准确称取核黄素 0.075 30 g 于 50 mL 小烧杯中,用少量蒸馏水溶解。C 液:混合 A 液和 B 液,移入 100 mL 容量瓶中,用蒸馏水定容至刻度,此溶液为含 0.1 mmol·L⁻¹ EDTA 的 2 mmol·L⁻¹核黄素溶液。避光,4 ℃冰箱中保存,可用 8~10 d。

**2. 器材**

天平,研钵,恒温培养箱,透析袋,高速冷冻离心机,紫外-可见分光光度计,微量注射器,培养皿,光照箱,移液管,量筒,容量瓶,烧杯。

## 【操作步骤】

**1. 粗酶液提取**

取 20 g 玉米籽粒,按固液比 1:2 用 1%次氯酸钠漂洗 10 min,蒸馏水洗净后,置于 28 ℃恒温培养箱中浸泡 24 h,去掉多余的水分,用四层纱布盖好,于 28 ℃恒温培养箱中发芽 24 h,然后用蒸馏水洗净。用预冷的 50 mmol·L⁻¹ pH=7.8 磷酸缓冲液 40 mL 研磨成匀浆,另外加入 0.2 g 苯甲酸钠。匀浆在室温下轻轻混匀浸提 1 h,于 4 ℃ 10 000 r·min⁻¹离心 20 min,上清液即粗酶液。

**2. SOD 的纯化**

取 SOD 粗酶液,先用 40%的(NH₄)₂SO₄饱和 0.5 h,8 500 r·min⁻¹冷冻离心 20 min,除去沉淀,留取上清液,再用 90%的(NH₄)₂SO₄饱和 2 h,8 500 r·min⁻¹再冷冻离心 20 min,弃上清液,沉淀用 50 mmol·L⁻¹ pH=7.8 磷酸缓冲液 20 mL 重溶,以蒸馏水透析过夜,8 500 r·min⁻¹冷冻离心 20 min 后,留取上清液,用量筒量取体积,即为初步纯化后的酶的浓缩液,用于酶活力测定。

**3. 酶活力测定**

反应体系即 50 mmol·L⁻¹ pH=7.8 磷酸缓冲液 1.50 mL,0.13 mol·L⁻¹甲硫氨酸溶液 0.30 mL,0.75 mmol·L⁻¹ NBT 溶液 0.30 mL,0.1 mmol·L⁻¹ EDTA 二钠溶液 0.30 mL,0.02 mmol·L⁻¹核黄素 0.30 mL,酶液 0.05 mL,蒸馏水 0.25 mL,总体积为 3.00 mL。对照管以缓冲液代替酶液。混匀后将 1 支对照管置暗处,其他各管于 4 000 lx 日光下反应 20 min(要求各管光照情况一致)。反应结束后以不照光的管作为对照管,分别测定其他各管在 560 nm 处的吸光度。

## 【结果计算】

$$\text{SOD 活性} = \frac{(A_{ck} - A_E) \times V}{A_{ck} \times 0.5 \times m \times a}$$

式中：

$A_{ck}$ 为对照管的吸光度；

$A_E$ 为样品管的吸光度；

$V$ 为样液总体积，mL；

$a$ 为测定时样品用量，mL；

$m$ 为样品鲜重，g。

【注意事项】

1.活力测定时的温度和光化反应时间必须严格控制一致。为保证各管所受光强度一致，所有管应排列在与日光灯管平行的直线上。

2.染色时光照应均匀，使无 SOD 区的 NBT 充分被还原成蓝色的甲腙。

【思考题】

SOD 活力测定反应体系中 NBT 和 EDTA 二钠的作用各是什么？

# 实验三十　酵母蔗糖酶的提取及其性质研究

## 【目的要求】

1. 学习如何提取纯化、分析鉴定蔗糖酶。
2. 对蔗糖酶的性质,尤其是动力学性质进行初步的研究。

## 【基本原理】

蔗糖酶又称"转化酶",是糖苷酶之一。Bertholet 在 1860 年从啤酒酵母中发现了蔗糖酶,迄今已有 150 多年的历史。蔗糖酶(β-D-呋喃果糖苷果糖水解酶,fructo-furanoside fructohydrolase,EC. 3. 2. 1. 26)能特异地催化非还原糖中的 β-D-呋喃果糖苷键水解,具有相对专一性。它不仅能催化蔗糖水解并生成葡萄糖和果糖,还能催化棉子糖水解并生成蜜二糖和果糖。

本实验拟从啤酒酵母中提取蔗糖酶。该酶主要以内侧和外侧两种形式存在于酵母细胞膜中,在细胞膜外的细胞壁上的称为外蔗糖酶,其活力占蔗糖酶活力的大部分,是含有 50% 糖成分的糖蛋白。在细胞膜内侧细胞质中的蔗糖酶称为内蔗糖酶,含有少量的糖。两种酶的蛋白质部分均为双亚基、二聚体,但它们的氨基酸组成不同,外蔗糖酶的每个亚基比内蔗糖酶多两个氨基酸(Ser 和 Met),相对分子质量也不同,外蔗糖酶约为 27 万(或 22 万),内蔗糖酶约为 13.5 万。尽管这两种酶在组成上有较大的差异,但它们的底物专一性和动力学性质却十分相似。因此,本实验并未区分内蔗糖酶和外蔗糖酶,而且内蔗糖酶含量很少,难以提取,所以本实验提取纯化的主要是外蔗糖酶。

两种酶的性质对照表如表 30-1 所示。

表 30-1　酶的性质对照表

| 名称 | $M_w$ | 糖含量 | 亚基 | 底物为蔗糖的 $K_m$ | 底物为棉子糖的 $K_m$ | 等电点 pI | 最适 pH 值 | 稳定 pH 值范围 | 最适温度 |
|---|---|---|---|---|---|---|---|---|---|
| 外蔗糖酶 | 27 万(22 万) | 50% | 双 | 26 mmol·L$^{-1}$ | 150 mmol·L$^{-1}$ | 5.0 | 4.9 (3.5~5.5) | 3.0~7.5 | 60 ℃ |
| 内蔗糖酶 | 13.5 万 | <3% | 双 | 25 mmol·L$^{-1}$ | 150 mmol·L$^{-1}$ | — | 4.5 (3.5~5.5) | 6.0~9.0 | — |

实验中,用蔗糖酶水解蔗糖生成还原糖(葡萄糖和果糖)的量来衡量蔗糖水解的

速度。在给定的实验条件下,每分钟水解底物的量定为蔗糖酶的活力单位。比活力为每毫克蛋白质的活力单位数。

本实验共有 6 个分实验:

(一)蔗糖酶的提取与部分纯化;(二)离子交换层析纯化蔗糖酶;(三)蔗糖酶各级分活力及蛋白质含量的测定;(四)反应时间对产物形成的影响;(五)pH 值对蔗糖酶活力的影响;(六)温度对酶活力的影响和反应活化能的测定。

# (一)蔗糖酶的提取与部分纯化

## 【目的要求】

学习蔗糖酶的纯化方法,并为下面的动力学实验提供一定量的蔗糖酶。

## 【试剂及器材】

### 1. 试剂

啤酒酵母,二氧化硅,甲苯(使用前预冷到 0 ℃以下),去离子水(使用前预冷至 4 ℃左右),冰块,食盐,1 mol·L$^{-1}$乙酸,95% 乙醇。

### 2. 器材

研钵,离心管,胶头滴管,量筒(50 mL),电热恒温水浴锅,烧杯(100 mL),广泛 pH 试纸,高速冷冻离心机。

## 【操作步骤】

### 1. 提取

(1)准备一些冰块,将研钵放入其中,并且确保研钵稳定。

(2)称取湿啤酒酵母 20 g、干啤酒酵母 5 g、蜗牛酶 20 mg 和适量(约 10 g)预先研细的二氧化硅,放入研钵中。

(3)量取预冷的甲苯 30 mL,缓慢加入酵母中,边加边研磨成糊状,约需 1 h。用显微镜检查研磨的效果,至酵母细胞大部分研碎。

(4)缓慢加入预冷的去离子水 40 mL,每次约加 2 mL 左右,边加边研磨,以便将蔗糖酶充分转入水相,至少用 0.5 h。

(5)将混合物倒入两个离心管中,在 4 ℃条件下,10 000 r·min$^{-1}$离心 10 min。如果中间白色的脂肪层较厚,说明研磨效果良好。用胶头滴管吸走上层有机相。

(6)用胶头滴管小心地吸出脂肪层下面的水相,转入另一个干净的离心管中,在 4 ℃条件下,10 000 r·min$^{-1}$离心 10 min。

(7)将上清液倒入量筒,量出体积,留出 1.5 mL 测定酶活力和蛋白质含量,剩余的部分倒入干净的离心管中。用广泛 pH 试纸测定上清液 pH 值,用 1 mol·L$^{-1}$乙酸调节 pH 值至 5.0,称为"粗级分 I"。

**2. 热处理**

(1)将盛有粗级分 I 的离心管放入 50 ℃ 水浴锅中,保温 30 min。保温过程中不断地轻摇离心管。保温结束后取出离心管,迅速冷却至 4 ℃,10 000 r·min$^{-1}$ 离心 10 min。

(2)将上清液转入量筒中,量出体积,留出 1.5 mL 测定酶活力及蛋白质含量,称为"热级分 II"。

**3. 乙醇沉淀**

将热级分 II 倒入烧杯中,并将烧杯放入冰盐浴(没有水的碎冰撒入少量食盐)中,向烧杯中逐滴加入等体积(与热级分 II 相同体积)预先冷却到 −20 ℃ 的 95% 乙醇,边加边搅拌,约 0.5 h 加完,冰盐浴中静置 10 min,以沉淀完全。4 ℃ 条件下,10 000 r·min$^{-1}$ 离心 10 min,倾去上清液,并滴干,沉淀保存于离心管中,盖上盖子或薄膜封口,放入冰箱中冷冻保存(称为"醇级分 III")。

【思考题】

试述有机溶剂测定蛋白质的原理。

# (二)离子交换层析纯化蔗糖酶

## 【目的要求】

1. 学习并掌握离子交换层析的原理及方法步骤。
2. 对提取的蔗糖酶进行进一步的分离纯化。

## 【试剂及器材】

**1. 试剂**

(1)DEAE 纤维素:DE−23。

(2)0.5 mol·L$^{-1}$ NaOH:称取 NaOH 2.0 g,加蒸馏水溶解,并定容至 100 mL。

(3)0.5 mol·L$^{-1}$ HCl:量取浓盐酸 4.17 mL,加蒸馏水稀释至 100 mL。

(4)0.02 mol·L$^{-1}$、pH=7.3 的 Tris−HCl 缓冲液 250 mL。

(5)0.02 mol·L$^{-1}$、pH=7.3(含 0.2 mol·L$^{-1}$ NaCl)的 Tris−HCl 缓冲液 50 mL。

**2. 器材**

尿糖试纸,电磁搅拌器,电导率仪,真空泵,抽滤瓶,50 mL 烧杯,砂芯漏斗,精密 pH 试纸或 pH 计,中压层析系统,点滴板。

## 【操作步骤】

### 1. 离子交换剂处理

称取 1.5 g DEAE 纤维素（DE－23）干粉，加入 0.5 mol·L$^{-1}$ NaOH 溶液 50 mL，轻轻搅拌，浸泡 0.5～1 h，砂芯漏斗抽滤，并用去离子水洗至近中性，抽干后，放入烧杯中，加 0.5 mol·L$^{-1}$ HCl 50 mL，搅匀，浸泡 0.5 h，用砂芯漏斗抽滤，再用去离子水洗至近中性，然后再用 0.5 mol·L$^{-1}$ NaOH 重复处理一次，最后用去离子水洗至近中性后，抽干备用。

### 2. 装柱与平衡

先将层析柱垂直装好，在烧杯内用 0.02 mol·L$^{-1}$、pH = 7.3 的 Tris－HCl 缓冲液洗 DEAE 纤维素几次，用胶头滴管吸取烧杯底部大颗粒的 DEAE 纤维素，装柱，然后再用此缓冲液洗柱至流出液的电导率与缓冲液相同或接近时即可上样。

### 3. 上样与洗脱

预先准备好梯度洗脱液，本实验采用 20 mL 0.02 mol·L$^{-1}$、pH = 7.3 的 Tris－HCl 缓冲液和 20 mL 含 0.2 mol·L$^{-1}$ NaCl 的 0.02 mol·L$^{-1}$ pH = 7.3 的 Tris－HCl 缓冲液作为洗脱液，进行线性梯度洗脱。取两个相同的 50 mL 烧杯，一个装 20 mL 含 NaCl 的高离子强度溶液，另一个装入 20 mL 低离子强度溶液，置于电磁搅拌器上。将玻璃三通插进两个烧杯中，上端接一段乳胶管，夹上止水夹，用吸耳球小心地将溶液吸入三通，立即夹紧乳胶管，使两烧杯中的溶液形成连通。

用 5 mL 0.02 mol·L$^{-1}$、pH = 7.3 的 Tris－HCl 缓冲液充分溶解醇级分 Ⅲ，4 000 r·min$^{-1}$ 离心除去不溶物。取 1.5 mL 上清液，将剩余的 3.5 mL 上清液小心地加到层析柱上，不要扰动柱床，注意要从上样开始使用部分收集器收集，每 10 min 每管加入 2.5～3.0 mL。上样后用缓冲液洗两次，然后再用 20 mL 左右的缓冲液洗去柱中未吸附的蛋白质，至 $A_{280}$ 降到 0.1 以下，夹住层析柱出口，将恒流泵入口的细塑料导管放入不含 NaCl 的低离子强度溶液的小烧杯中，用胶布固定塑料管，接好层析柱，打开电磁搅拌器，放开层析柱出口，开始梯度洗脱，连续收集洗脱液，两个小烧杯中的洗脱液用尽后，为洗脱充分，也可将所配制的剩余 30 mL 高离子强度溶液倒入小烧杯中继续洗脱，控制流速为 0.25～0.30 mL·min$^{-1}$。

### 4. 测定

测定 0.02 mol·L$^{-1}$、pH = 7.3 的 Tris－HCl 缓冲液和含 0.2 mol·L$^{-1}$ NaCl 的 0.02 mol·L$^{-1}$、pH = 7.3 Tris－HCl 缓冲液的电导率，用电导率与 NaCl 浓度作图，利用此图将每管所测电导率换算成 NaCl 浓度，并利用此曲线估计出蔗糖酶活性峰洗出时的 NaCl 浓度。

### 5. 定性测定各管洗脱液酶活力

在点滴板上的每一孔内,加入 1 滴洗脱液、1 滴 0.5 mol·L$^{-1}$蔗糖和 1 滴 0.2 mol·L$^{-1}$ pH = 4.9 的乙酸缓冲液,等待反应 5 min 后,在每一孔内同时插入一小条尿糖试纸,等待 10 ~ 20 min 后观察试纸颜色的变化。用"+"号的数目,表示颜色的深浅,即各管酶活力的大小。合并活性最高的 2 ~ 3 管,量出总体积,并将其分成 10 份,分别倒入 10 个小试管中,用保鲜膜封口,冰冻保存,使用时取出一管,此为"柱级分Ⅳ"。

## 【结果计算】

在一张图上画出所有管的酶活力、$A_{280}$、NaCl 浓度(可用电导率代替)的曲线和洗脱梯度曲线。

根据收集管中样品的检测结果判定目标峰。

# (三)蔗糖酶各级分活力及蛋白质含量的测定

## 【目的要求】

学习并掌握蔗糖酶的活力测定方法,了解各级分酶纯化效果的评价方法。

## 【基本原理】

为了评价酶的纯化步骤和方法,必须测定各级分的酶比活性和活力。

测定蔗糖酶活力的方法较多,如费林试剂法、水杨酸法等。本实验先使用费林试剂法测定米氏常数 $K_m$,然后使用 Nelson's 试剂法测定最大反应速度 $v_{max}$。费林试剂法灵敏度较高,但数据波动较大,因为反应后溶液的颜色会随时间变化,因此加样和测定吸光度时最好能计时。

测定原理:在酸性条件下,蔗糖酶催化蔗糖水解,生成还原糖,能与碱性铜试剂在加热条件下发生氧化还原反应,二价铜被还原成棕红色氧化亚铜沉淀,氧化亚铜与磷钼酸作用,生成蓝色溶液,在一定浓度范围内其颜色深浅与还原糖的含量成正比,在 650 nm 测定吸光度。

## 【试剂及器材】

### 1. 试剂

(1)碱性铜试剂(用完回收):称取 10 g 无水 Na$_2$CO$_3$,加入 100 mL 去离子水溶解;另称取 1.88 g 酒石酸,用 100 mL 去离子水溶解;混合两种溶液,再加入 1.13 g CuSO$_4$,溶解后定容至 250 mL。

(2)磷钼酸试剂(用完回收):在烧杯内加入钼酸 17.5 g,钨酸钠 2.5 g,10% NaOH 100 mL,去离子水 100 mL,混合后煮沸约 0.5 h,除去钼酸中存在的氨,直到无氨味为止,冷却后加入 85%磷酸 63 mL,混合并稀释到 250 mL。

（3）0.25%苯甲酸:200 mL,配制葡萄糖溶液时用,防止存放期内葡萄糖溶液被微生物污染。

（4）葡萄糖标准溶液。

①贮液:精确称取无水葡萄糖(应在 105 ℃恒重过)0.180 2 g,用 0.25%苯甲酸溶解后,定容到 100 mL 容量瓶中(浓度为 10 mmol · L$^{-1}$)。

②操作溶液:用移液管取贮存液 10 mL,置于 50 mL 容量瓶中,用 0.25%苯甲酸或去离子水稀释至刻度(浓度为 2 mmol · L$^{-1}$)。

（5）0.2 mol · L$^{-1}$蔗糖溶液:50 mL,分装于小试管中冷冻保存,因蔗糖极易水解,用时取出一管解冻后摇匀。

（6）0.2 mol · L$^{-1}$乙酸缓冲液:pH = 4.9,200 mL。

（7）牛血清白蛋白标准溶液:浓度范围为 200 ~ 500 μg · mL$^{-1}$,精确配制 50 mL。

（8）考马斯亮蓝 G - 250 溶液:100 mg 考马斯亮蓝 G - 250 溶于 50 mL 95% 乙醇后,加入 120 mL 85%磷酸,用去离子水稀释到 1 000 mL。

**2. 器材**

试管,移液管(0.1 mL、0.2 mL、2.0 mL、5.0 mL),塑料可见比色杯,电炉,水浴锅。

## 【操作步骤】

### 1. 各级分蛋白质含量的测定

采用考马斯亮蓝 G - 250 合法测定蛋白质含量,参见"实验二蛋白质含量测定——考马斯亮蓝 G - 250 法"。标准蛋白的取样量为 0.1 mL、0.2 mL、0.3 mL、0.4 mL、0.5 mL、0.6 mL、0.8 mL、1.0 mL,用去离子水补足到 1.0 mL。

各级分先要仔细寻找和试测出合适的稀释倍数,并详细记录稀释倍数的计算过程。下列稀释倍数仅供参考:

粗级分Ⅰ:10 ~ 50 倍。

热级分Ⅱ:10 ~ 50 倍。

醇级分Ⅲ:10 ~ 50 倍。

柱级分Ⅳ:不稀释。

确定了稀释倍数后,每个级分取 3 个不同体积的样进行测定,然后取平均值,计算出各级分的蛋白质含量。

### 2. 级分Ⅰ、Ⅱ、Ⅲ蔗糖酶活力测定

用 0.02 mol · L$^{-1}$、pH = 4.9 的乙酸缓冲液(也可以用 pH = 5 ~ 6 的去离子水代替)稀释各级分酶液,试测出测量酶活力合适的稀释倍数。

粗级分Ⅰ:1 000 ~ 10 000 倍。

热级分Ⅱ:1 000 ~ 10 000 倍。

醇级分Ⅲ:1 000～10 000 倍。

以上稀释倍数仅供参考。

按级分Ⅰ、Ⅱ、Ⅲ的酶活力测定表的顺序在试管中加入各试剂进行测定,为简化操作可取消保鲜膜封口,将沸水浴加热改为用 90～95 ℃水浴加热 8～10 min。

**3.柱级分Ⅳ酶活力的测定**

(1)参照级分Ⅰ、Ⅱ、Ⅲ的酶活力测定表设计一个表格(表30-2)测定酶活力,反应混合物仍为 1 mL。

(2)第 1 管仍为蔗糖对照,第 9、10 管为葡萄糖的空白与标准对照,与表30-2 中的第 11、12 管相同。第 2～7 管加入柱级分Ⅳ,分别为 0.02 mL、0.05 mL、0.10 mL、0.20 mL、0.40 mL 和 0.60 mL,然后各加 0.20 mL 乙酸缓冲液(0.2 mol·$L^{-1}$、pH=4.9),每管用去离子水补充到 0.80 mL。

(3)第 1～7 管中各加入 0.20 mL 0.2 mol·$L^{-1}$的蔗糖溶液,每管由加入蔗糖开始计时,室温下准确反应 10 min,立即加入 1 mL 碱性铜试剂终止反应,然后按新制作表的步骤进行测定。第 8 管为 0 min 对照,与第 7 管相同,只是在加入 0.20 mL 蔗糖之前,先加入碱性铜试剂,防止酶解作用,此管只用于观察,不进行计算。

(4)计算柱级分Ⅳ的酶活力(U·$mL^{-1}$):原始溶液。

(5)以每分钟生成的还原糖的微摩尔数为纵坐标,以试管中 1 mL 反应混合物中的酶浓度(mg·$mL^{-1}$)为横坐标,画出反应速度与酶浓度的关系曲线。

表30-2　级分Ⅰ、Ⅱ、Ⅲ的酶活力测定表

| 各管名称 | 对照 | 粗级分Ⅰ | | | 热级分Ⅱ | | | 醇级分Ⅲ | | | 葡萄糖 | |
|---|---|---|---|---|---|---|---|---|---|---|---|---|
| 管数 | 1 | 2 | 3 | 4 | 5 | 6 | 7 | 8 | 9 | 10 | 11 | 12 |
| 酶液/mL | 0 | 0.05 | 0.20 | 0.50 | 0.05 | 0.20 | 0.50 | 0.05 | 0.20 | 0.50 | — | — |
| $H_2O$/mL | 0.60 | 0.55 | 0.40 | 0.10 | 0.05 | 0.20 | 0.10 | 0.55 | 0.40 | 0.10 | 1.00 | 0.80 |
| 乙酸缓冲液 0.2 mol·$L^{-1}$、 pH=4.9/mL | 0.2 | 0.2 | 0.2 | 0.2 | 0.2 | 0.2 | 0.2 | 0.2 | 0.2 | 0.2 | — | — |
| 葡萄糖 2 mmol·$L^{-1}$/mL | — | — | — | — | — | — | — | — | — | — | — | 0.2 |
| 蔗糖 0.2 mol·$L^{-1}$/mL | 0.2 | 0.2 | 0.2 | 0.2 | 0.2 | 0.2 | 0.2 | 0.2 | 0.2 | 0.2 | — | — |
| 加入蔗糖,立即摇匀开始计时,室温准确反应 10 min 后,立即加碱性铜试剂终止反应 | | | | | | | | | | | | |
| 碱性铜试剂 | 1.0 | 1.0 | 1.0 | 1.0 | 1.0 | 1.0 | 1.0 | 1.0 | 1.0 | 1.0 | 1.0 | 1.0 |
| 用保鲜膜封口,扎眼,沸水浴加热 8 min,立即用自来水冷却 | | | | | | | | | | | | |
| 磷钼酸试剂 | 1.0 | 1.0 | 1.0 | 1.0 | 1.0 | 1.0 | 1.0 | 1.0 | 1.0 | 1.0 | 1.0 | 1.0 |

续表

| 各管名称 | 对照 | 粗级分Ⅰ | | | 热级分Ⅱ | | | 醇级分Ⅲ | | | 葡萄糖 | |
|---|---|---|---|---|---|---|---|---|---|---|---|---|
| $H_2O$ | 5.0 | 5.0 | 5.0 | 5.0 | 5.0 | 5.0 | 5.0 | 5.0 | 5.0 | 5.0 | 5.0 | 5.0 |
| $A_{650}/nm$ | | | | | | | | | | | | |
| $E'/(\mu mol \cdot min^{-1} \cdot mL^{-1})$ | | | | | | | | | | | | |
| $\overline{E'}/(\mu mol \cdot min^{-1} \cdot mL^{-1})$ | | | | | | | | | | | | |
| $E/(U \cdot mL^{-1},$ 原始组分) | | | | | | | | | | | | |

稀释后酶液的酶活力(按还原糖计算):

$$E' = \frac{A_{650} \times 0.2 \times 2}{A'_{650} \times 10 \times V}$$

式中:

$A_{650}$——第 2~10 管所测吸光度;

$A'_{650}$——第 12 管所测吸光度;

0.2——第 12 管葡萄糖取样量,mL;

2——标准葡萄糖浓度,mmol·$L^{-1}$,2 mmol·$L^{-1}$ = 2 μmol·$mL^{-1}$;

10——反应时间,min;

$V$——每管加入酶液体积,mL。

原始酶液的酶活力:

$$E = (\overline{E'}/2) \times 稀释倍数$$

## 【结果计算】

计算各级分的纯化倍数、比活性和回收率,并将数据列于表 30-3 中。

表 30-3 蔗糖酶纯化表

| 级分 | 记录体积/mL | 校正体积/mL | 蛋白质/(mg·mL$^{-1}$) | 总蛋白/mg | 活力/(U·mL$^{-1}$) | 总活力/U | 比活/(U·mg$^{-1}$) | 纯化倍数 | 回收率/% |
|---|---|---|---|---|---|---|---|---|---|
| Ⅰ | | | | | | | | 1.0 | 100 |
| Ⅱ | | | | | | | | | |
| Ⅲ | | | | | | | | | |
| Ⅳ | | | | | | | | | |

注:酶活性单位为 U,是在给定的实验条件下,每分钟能催化 1 μmol 蔗糖水解所需的酶量,而水解 1 μmol 蔗糖生成 2 μmol 还原糖

表 30 – 4 是对假定的各级分记录体积进行校正计算的方法和结果。

表 30 – 4　各级分记录体积

| 级分 | 记录体积/mL | 体积计算 | 取样体积/mL | 校正后体积/mL |
|---|---|---|---|---|
| I | 15 | 15 | 1.5 | 15.00 |
| II | 13.5 | $13.5 \times (15/13.5)$ | 1.5 | 15.00 |
| III | 5 | $5 \times (15/13.5) \times (13.5/12)$ | 1.5 | 6.25 |
| IV | 6 | $6 \times (15/13.5) \times (13.5/12) \times (5/3.5)$ | — | 10.71 |

# （四）反应时间对产物形成的影响

## 【目的要求】

1. 了解反应时间与酶促反应的关系。

2. 学习测定酶最适反应时间的方法和步骤。

## 【基本原理】

酶的动力学性质分析，是酶学研究的重要方面。本部分将通过一系列实验，研究温度、pH 值和不同的抑制剂对蔗糖酶活性的影响，测定蔗糖酶的最适温度、最适 pH 值，以及蔗糖酶催化反应的活化能，测定米氏常数 $K_m$、最大反应速度 $v_{max}$ 和各种抑制剂常数 $K_i$。由此学习酶动力学性质分析的一般实验方法。

本实验以蔗糖为底物，测定蔗糖酶与底物反应的时间，即在酶反应的最适条件下，每间隔一定的时间测定产物的生成量，然后以酶反应时间为横坐标，产物生成量为纵坐标，画出酶反应的时间进程曲线。由该曲线可以看出，曲线的起始部分在某一段时间范围内呈直线，其斜率代表酶反应的初速率。随着反应时间的延长，曲线的斜率不断减小，说明反应速率逐渐降低，这可能是由于底物浓度降低和产物浓度升高而使逆反应加强，因此测定准确的酶活力，必须在进程曲线的初速率时间范围内进行。测定这一曲线和初速率的时间范围，是酶动力学性质分析中的组成部分和实验基础。

## 【操作步骤】

1. 准备 12 支试管，按下表进行测定。用反应时间为 0 的第 1 管作为空白对照，此试管要先加碱性铜试剂，后加酶。第 10 管用来校正蔗糖的酸水解。以第 11 管作为对照，测定第 12 管葡萄糖的标准吸光度，用以计算第 2 ~ 9 管所生成的还原糖的量（μmol）。

2. 表 30 – 5 中底物蔗糖的物质的量为每管 0.25 μmol，全部反应后可产生 0.5 μmol 的还原糖，应使底物在 20 min 内基本完成反应。

表 30 – 5  反应时间对产物浓度的影响

| 管数 | 1 | 2 | 3 | 4 | 5 | 6 | 7 | 8 | 9 | 10 | 11 | 12 |
|---|---|---|---|---|---|---|---|---|---|---|---|---|
| 2.5 mmol·L$^{-1}$ 蔗糖/mL | 0.1 | 0.1 | 0.1 | 0.1 | 0.1 | 0.1 | 0.1 | 0.1 | 0.1 | 0.1 | — | — |
| 乙酸缓冲液/mL | 0.2 | 0.2 | 0.2 | 0.2 | 0.2 | 0.2 | 0.2 | 0.2 | 0.2 | 0.2 | — | — |
| H$_2$O/mL | 0.4 | 0.4 | 0.4 | 0.4 | 0.4 | 0.4 | 0.4 | 0.4 | 0.4 | 0.7 | 1.0 | 0.8 |
| 葡萄糖 2 mmol·L$^{-1}$/mL | — | — | — | — | — | — | — | — | — | — | — | 0.2 |
| 碱性铜试剂/mL | 1.0 | — | — | — | — | — | — | — | — | — | — | — |
| 由加酶开始计时 | | | | | | | | | | | | |
| 蔗糖酶(约为 1∶5)/mL | 0.3 | 0.3 | 0.3 | 0.3 | 0.3 | 0.3 | 0.3 | 0.3 | 0.3 | — | — | — |
| 反应时间/min | 0 | 1 | 3 | 4 | 8 | 12 | 20 | 30 | 40 | | | |
| 反应后，立即向第 2～12 管加入 1 mL 碱性铜试剂终止反应 | | | | | | | | | | | | |
| 碱性铜试剂/mL | — | 1.0 | 1.0 | 1.0 | 1.0 | 1.0 | 1.0 | 1.0 | 1.0 | 1.0 | 1.0 | 1.0 |
| 盖薄膜，扎孔，沸水浴上煮 8 min 后速冷 | | | | | | | | | | | | |
| 磷钼酸试剂/mL | 1.0 | 1.0 | 1.0 | 1.0 | 1.0 | 1.0 | 1.0 | 1.0 | 1.0 | 1.0 | 1.0 | 1.0 |
| H$_2$O/mL | 5.0 | 5.0 | 5.0 | 5.0 | 5.0 | 5.0 | 5.0 | 5.0 | 5.0 | 5.0 | 5.0 | 5.0 |
| 测定 $A_{650}$/nm | | | | | | | | | | | | |
| 还原糖/μmol | | | | | | | | | | | | |

## 【结果计算】

画出生成的还原糖的量与反应时间的关系曲线，即反应的时间进程曲线，求出反应的初速率。

## （五）pH 值对蔗糖酶活力的影响

### 【目的要求】

了解体系的 pH 值与酶促反应速率的关系，学习测定酶最适 pH 值的方法和步骤。

### 【基本原理】

酶的生物学特性之一是它对酸碱度的敏感性，这表现在酶活力和稳定性易受环境 pH 值的影响。通常各种酶只在一定的 pH 值范围内才表现出活性，同一种酶在不同的 pH 值下所表现的活性不同，酶活力最高时的 pH 值称为酶的最适 pH 值。各种酶在特定条件下都有其各自的最适 pH 值。在进行酶学研究时,一般都要制作一条 pH 值与酶活力的关系曲线,即保持其他条件恒定,在不同 pH 值条件下测定酶促反应速率,以 pH 值为横坐标、反应速率为纵坐标作图。由此曲线,不仅可以了解反应速率随 pH 值变化的情况,而且可以求得酶的最适 pH 值。

酶溶液的 pH 值之所以会影响酶活力,很可能是因为 pH 值会改变酶活性部位有关基团的解离状态,而酶只有处于一种特殊的解离形式时才具有活性。酶的活性部位有关基团的解离形式如果发生变化,将使酶转入"无活性"状态。在最适 pH 值时,酶分子上活性基团的解离状态最适合酶与底物的作用。此外,缓冲系统的离子性质和离子强度也会对酶的催化反应产生影响。

蔗糖酶有两组离子化活性基团,它们均影响酶水解蔗糖的活性。其解离常数分别是 $pK_a = 7$ 和 $pK_a = 3$。

## 【操作步骤】

1. 按表 30 – 6 配制缓冲液(12 种),将两种缓冲试剂混合,总体积均为 10 mL,溶液 pH 值用酸度计测量。

2. 准备两组各 12 支试管,第一组 12 支试管每支都加入 0.2 mL 下表中相应的缓冲液,然后加入一定量的蔗糖酶。此时的蔗糖酶只能用 $H_2O$ 稀释,酶的稀释倍数和加入量要选择适当,以便在当时的实验条件下能得到 0.6 ~ 1.0 的吸光度值($A_{650}$)。第二组 12 支试管也是每支都加入 0.2 mL 下表中相应的缓冲液,但不再加酶而加入等量的去离子水,分别作为测定时的空白对照管。所有的试管都用水补足到 0.8 mL。

3. 所有的试管按一定时间间隔加入 0.2 mL 蔗糖(0.2 mol·$L^{-1}$),反应 10 min 后分别加入 1.0 mL 碱性铜试剂,用保鲜膜包住试管口并刺一小孔,在沸水浴中煮 8 min,取出速冷,分别加入 1.0 mL 磷钼酸试剂,待反应完毕后加入 5.0 mL 水,摇匀,测定 $A_{650}$。

4. 再准备两支试管,一支用水作为空白对照;另一支作为葡萄糖标准管。

表 30 – 6  配制缓冲液

| 溶液 pH 值 | 缓冲试剂 | 体积/mL | 缓冲试剂 | 体积/mL |
| --- | --- | --- | --- | --- |
| 2.5 | 0.2 mol·$L^{-1}$磷酸氢二钠 | 2.00 | 0.2 mol·$L^{-1}$柠檬酸 | 8.00 |
| 3.0 | 0.2 mol·$L^{-1}$磷酸氢二钠 | 3.65 | 0.2 mol·$L^{-1}$柠檬酸 | 6.35 |
| 3.5 | 0.2 mol·$L^{-1}$磷酸氢二钠 | 4.85 | 0.2 mol·$L^{-1}$柠檬酸 | 5.15 |
| 3.5 | 0.2 mol·$L^{-1}$乙酸钠 | 0.60 | 0.2 mol·$L^{-1}$乙酸 | 9.40 |
| 4.0 | 0.2 mol·$L^{-1}$乙酸钠 | 1.80 | 0.2 mol·$L^{-1}$乙酸 | 8.20 |
| 4.5 | 0.2 mol·$L^{-1}$乙酸钠 | 4.30 | 0.2 mol·$L^{-1}$乙酸 | 5.70 |
| 5.0 | 0.2 mol·$L^{-1}$乙酸钠 | 7.00 | 0.2 mol·$L^{-1}$乙酸 | 3.00 |
| 5.5 | 0.2 mol·$L^{-1}$乙酸钠 | 8.80 | 0.2 mol·$L^{-1}$乙酸 | 1.20 |
| 6.0 | 0.2 mol·$L^{-1}$乙酸钠 | 9.50 | 0.2 mol·$L^{-1}$乙酸 | 0.50 |

续表

| 溶液 pH 值 | 缓冲试剂 | 体积/mL | 缓冲试剂 | 体积/mL |
|---|---|---|---|---|
| 6.0 | 0.2 mol·L$^{-1}$磷酸氢二钠 | 1.23 | 0.2 mol·L$^{-1}$磷酸二氢钠 | 8.77 |
| 6.5 | 0.2 mol·L$^{-1}$磷酸氢二钠 | 3.15 | 0.2 mol·L$^{-1}$磷酸二氢钠 | 6.85 |
| 7.0 | 0.2 mol·L$^{-1}$磷酸氢二钠 | 6.10 | 0.2 mol·L$^{-1}$磷酸二氢钠 | 3.90 |

## 【结果计算】

画出蔗糖酶的活力与 pH 值的关系曲线,注意画出 pH 值相同而离子不同的两点,并且观察不同离子状态对酶活力的影响。

# （六）温度对酶活力的影响和反应活化能的测定

## 【目的要求】

了解反应温度与酶促反应速率的关系,学习测定最适酶反应温度的方法和步骤。

## 【基本原理】

对温度的敏感性是酶的又一个重要特性。温度对酶的作用具有双重性,一方面温度升高会加速酶的反应速率;另一方面又会加速酶蛋白的变性速度。因此,在较低的温度范围内,酶促反应速率随温度升高而增大,但是超过一定温度后,反应速率反而会下降。酶促反应速率达到最大时的温度称为酶反应的最适温度。如果保持其他反应条件恒定,在一系列不同的温度下测定酶活力,即可得到温度 - 酶活力曲线,并得到酶反应的最适温度。最适温度不是一个恒定的数值,它与反应条件有关。本实验除了测定蔗糖酶催化蔗糖水解反应的热稳定温度范围与最适温度外,还可以同时测定反应的活化能。活化能越低,反应速率就越快。酶作为催化剂可以大大降低反应的活化能,从而大大提高反应速率。本实验除了测定蔗糖酶催化反应的活化能外,还要测定酸催化这一反应的活化能,后者比前者要大得多,说明酸催化的能力远不及蔗糖酶。

活化能可用阿伦尼乌斯方程式计算:

$$\ln k = -\frac{E_a}{R} \times \frac{1}{T} + A$$

式中:

$E_a$——活化能,J·mol$^{-1}$;

$k$——反应速率常数,μmol·min$^{-1}$;

$R$——气体常数,1.987 J·mol$^{-1}$·K$^{-1}$;

$T$——绝对温度,K;

$A$——常数。

本实验中的反应速率常数"$k$",可以直接用所测定的吸光度值或反应速率 $v$ 代替,进行作图和计算,可对此进行推导和论证。

## 【操作步骤】

本实验要测定 0 ~ 100 ℃ 之间 16 个不同温度下蔗糖酶催化和酸催化的反应速率。这 16 个温度是冰浴的 0 ℃,室温(约 20 ℃),沸水浴的 100 ℃,以及 13 个水浴温度:10 ℃、30 ℃、40 ℃、50 ℃、55 ℃、60 ℃、65 ℃、70 ℃、75 ℃、80 ℃、85 ℃、90 ℃、95 ℃。

每个温度准备两支试管,一支加酶,测酶催化的活化能;另一支不加酶,以乙酸缓冲液作为酸,测酸催化的活化能。

### 1. 确定酶的稀释倍数

试管中加入 0.2 mL 0.2 mol·L$^{-1}$ pH = 4.9 的乙酸缓冲液,0.2 mL 稀释的酶,加水至 0.8 mL,再加入 0.2 mL 0.2 mol·L$^{-1}$ 的蔗糖溶液,开始计时,在室温下反应 10 min,仍用费林试剂法进行测定,必须得到吸光度 $A$ 在 0.200 ~ 0.300 之间,准备一个水的空白对照管(0.8 mL 去离子水加 0.2 mL 0.2 mol·L$^{-1}$ 的蔗糖溶液),用于测定所有的样品管。

### 2. 测定上列各个温度下的反应速率

每次用两支试管,均加入 0.2 mL 乙酸缓冲液,一支加 0.2 mL 酶,另一支不加酶,均用水调至 0.8 mL,放入水浴中使反应物平衡 30 s,加入 0.2 mol·L$^{-1}$ 蔗糖 0.2 mL,准确反应 10 min,立即加入 1.0 mL 碱性铜试剂终止反应,按规定进行操作,测定各管的 $A_{650}$ 值,记录每个水浴的准确温度。

### 3. 酶催化的各管 $A_{650}$ 值均进行酸催化的校正

分别画出酶催化和酸催化的反应速率与温度的关系曲线($\ln k - \dfrac{1}{T}$ 关系曲线),用两条 $\ln k - \dfrac{1}{T}$ 关系曲线的线性部分计算两种活化能。

文献值:蔗糖酶催化蔗糖水解的活化能为 $E_a = 334\,900.44$ J·mol$^{-1}$;酸催化蔗糖水解的活化能为 $E_a = 101\,6700$ J·mol$^{-1}$。

## 【结果计算】

计算温度系数 $Q_{10}$,即温度每升高 10 ℃,反应速率提高的倍数。

$$\ln k = -\frac{E_a}{R} \times \frac{1}{T} + A$$

并推导计算公式:

$$\ln Q_{10} = \frac{10 \times E_a}{R \times T \times (T + 10)}$$

# 实验三十一　植物中原花青素的提取、纯化与测定

原花青素是指在一些植物中存在的多酚类化合物,属于具有特殊分子结构的生物类黄酮。根据缩合键位的不同,可分为 A、B、C、D、T 等几类。最简单的原花青素是儿茶素的二聚体,此外还有三聚体、四聚体等。依据聚合度的大小,通常将二聚体、三聚体、四聚体称为低聚体,而将五聚体及其以上称为高聚体。原花青素作为天然抗氧化剂,以其极强的清除自由基的能力和调节心血管活性的能力而在药品、保健品和化妆品方面越来越受到人们的关注。

原花青素既存在于葡萄、苹果、山楂等多种水果中,也存在于大麦、高粱及一些豆科植物中。

## （一）植物中原花青素的提取与纯化

### 【目的要求】

掌握从水果中制备原花青素的方法。

### 【基本原理】

原花青素是植物体内广泛存在的多酚类化合物。本实验利用原花青素溶于水的特点,采用热水煮沸法制备原花青素粗制品,再用树脂吸附、洗脱对粗制原花青素进行纯化。

### 【试剂及器材】

**1.材料**

新鲜水果(苹果、葡萄或山楂)。

**2.试剂**

60%乙醇溶液、95%乙醇溶液。

**3.器材**

烧杯,高速粉碎机,玻璃层析柱(1 cm×10 cm),旋转蒸发仪,冷冻干燥机,大孔吸附树脂 D - 101,天平,量筒,电热恒温水浴锅。

### 【操作步骤】

1.称取新鲜水果(苹果、葡萄或山楂)20.0 g,加入 40.0 mL 蒸馏水,匀浆,沸水浴 40～60 min,再加入 20.0 mL 蒸馏水,用细布过滤,滤液备用。

2.取 5.0 g 新的大孔吸附树脂 D-101,先用95%乙醇浸泡2~4 h,用蒸馏水洗去乙醇后,装玻璃层析柱(1 cm×10 cm),再用2倍体积蒸馏水洗涤。滤液上样,上完样后,先用2倍体积蒸馏水洗涤,然后换60%乙醇洗脱,待有红色液体流出后开始收集,直到收集到的液体无红色为止。

3.将洗脱液放入旋转蒸发仪中蒸发,剩余无乙醇部分冷冻。

4.将冻结好的样品放入冷冻干燥机内干燥。

5.干燥后样品称重,测含量[见(二)、(三)植物中原花青素的测定]。

# (二)植物中原花青素的测定(1)

## 【目的要求】

掌握 HCl-正丁醇比色法测定原花青素的原理和方法。

## 【基本原理】

原花青素的酸解反应如图31-1所示。原花青素的 $C_4$—$C_8$ 连接键稳定性较差,易在酸性条件下打开。如二聚原花青素(Ⅰ)在质子进攻下 $C_8$(D)生成碳正离子(Ⅱ),$C_4$—$C_8$ 键裂开,一部分形成表儿茶素(Ⅲ),另一部分生成碳正离子(Ⅳ)。而后Ⅳ失去一个质子,形成黄烷二烯醇(Ⅴ)。在有氧条件下Ⅴ失去 $C_2$ 上的氢,被氧化成花色素(Ⅵ),反应还生成相应的醚(Ⅶ)。加入正丁醇可防止醚的形成。

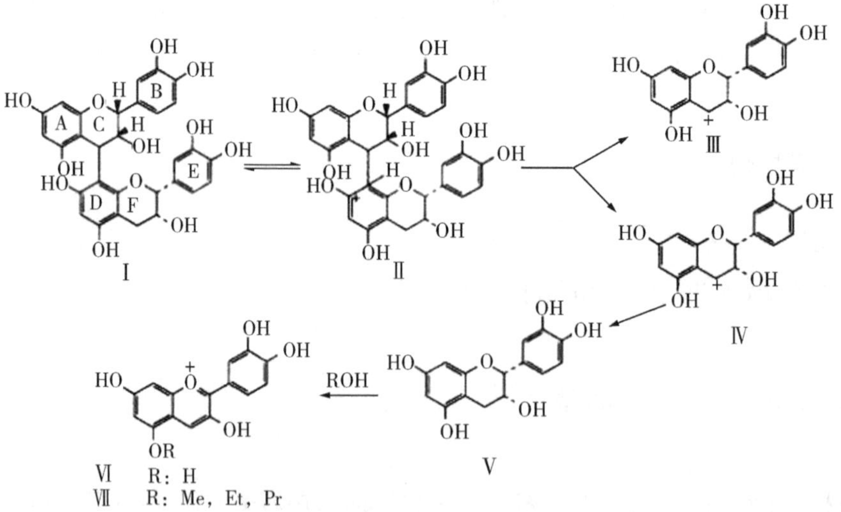

图31-1 原花青素的酸解反应

Me:Metlyl,甲基;Et:Ethyl,乙基;Pr:Propyl,丙基

## 【试剂及器材】

### 1.试剂

(1)原花青素标准品:精确称取 10.0 mg 原花青素标准品,用甲醇溶解于 10 mL 容量瓶中,定容至刻度。

(2)HCl – 正丁醇溶液:将 5.0 mL 浓 HCl 加入 95.0 mL 正丁醇中,混匀即可。

(3)2% 硫酸铁铵:称取 2.0 g 硫酸铁铵,溶于 100.0 mL 2.0 mol·L$^{-1}$ HCl 中即可。

(4)2.0 mol·L$^{-1}$ HCl:取 20.0 mL 浓 HCl 加入 100 mL 蒸馏水即可。

(5)试样溶液:准确称取一定量蒸馏过的原花青素样品,用甲醇溶解,定容至 10 mL,浓度控制在 1.0 ~ 3.0 mg·mL$^{-1}$。

### 2.器材

具塞试管(1.5 cm × 15 cm),吸量管(1 mL,2 mL),722 型(或 7220 型)分光光度计,水浴锅,电炉,分析天平。

## 【操作步骤】

### 1.制作标准曲线

取洗净的试管 7 支,按表 31 – 1 方法操作,得到不同浓度的(0 ~ 0.6 mg·mL$^{-1}$)原花青素标准溶液。向各试管中依次加入 0.1 mL 2% 硫酸铁铵溶液和 3.4 mL HCl – 正丁醇溶液,混匀后沸水浴 30 min,取出,用冷水冷却 15 min 后,利用分光光度计测量 546 nm 波长下的吸光度。然后以吸光度为纵坐标、以各标准溶液浓度为横坐标作图,得到标准曲线。

表 31 – 1　HCl – 正丁醇比色法测定原花青素含量的标准曲线绘制表

| 管号 | 1.0 mg·mL$^{-1}$原花青素标准溶液/mL | 甲醇/mL | 原花青素浓度/(mg·mL$^{-1}$) |
|---|---|---|---|
| 0 | 0 | 0.50 | 0 |
| 1 | 0.05 | 0.45 | 0.1 |
| 2 | 0.10 | 0.40 | 0.2 |
| 3 | 0.15 | 0.35 | 0.3 |
| 4 | 0.20 | 0.30 | 0.4 |
| 5 | 0.25 | 0.25 | 0.5 |
| 6 | 0.30 | 0.20 | 0.6 |

### 2.样品含量测定

取样液 0.1 mL 于试管中,加 0.4 mL 甲醇,再加入 0.1 mL 2% 硫酸铁铵溶液,最后加入 3.4 mL HCl-正丁醇溶液,沸水浴加热 30 min,取出,冷水冷却 15 min 后,利用分光光度计测量 546 nm 波长下的吸光度。根据测得的吸光度,由标准曲线查出样液的原花青素含量,并进一步计算原花青素样品的百分含量。

## 【结果处理】

$$w = \frac{cV}{m} \times 100\%$$

式中:

$w$——原花青素的质量分数,%;

$c$——标准曲线上查得的原花青素的质量浓度,mg·mL$^{-1}$;

$V$——稀释后总体积,mL;

$m$——样品质量,mg。

## (三)植物中原花青素的测定(2)

## 【目的要求】

学习并掌握香草醛法测定原花青素的原理和方法。

## 【基本原理】

在酸性条件下,原花青素的 A 环具有较高的化学活性,其上的间苯二酚或间苯三酚结构能和香草醛发生缩合反应,生成的产物在浓酸作用下可形成特定颜色的碳正离子,如图 31-2 所示。

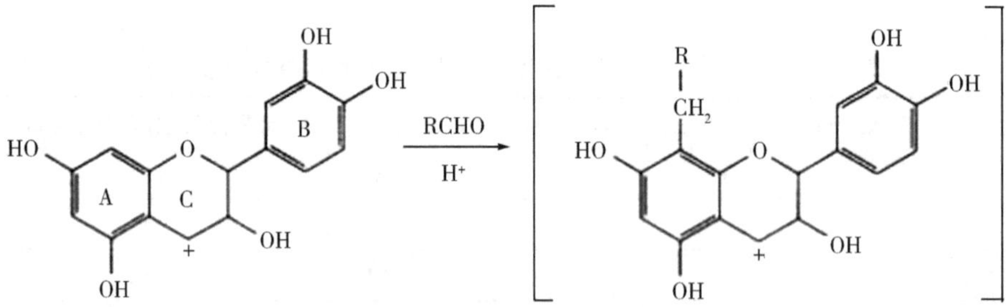

图 31-2 原花青素的化学活性

## 【试剂及器材】

### 1. 试剂

(1)4% 香草醛:准确称取 4.00 g 香草醛,溶于 100 mL 甲醇中。

（2）浓 HCl 溶液。

（3）1.0 mg·mL$^{-1}$ 儿茶素标准品储备液:准确称取 0.010 g 儿茶素标准品,用甲醇溶解,并定容至 10 mL,置于冰箱中冷藏。

（4）儿茶素标准品应用液:将 1.0 mg·mL$^{-1}$ 儿茶素标准品储备液稀释至 0.4 mg·mL$^{-1}$。

（5）原花青素样品溶液:取一定量待测样品配制成 0.1～0.3 mg·mL$^{-1}$。

**2. 器材**

具塞试管(1.5 cm×15 cm),吸量管(1 mL、2 mL),分析天平,722 型(或7220 型)分光光度计。

## 【操作步骤】

**1. 制作标准曲线**

取试管 6 支,按表 31－2 方法操作,所得溶液相当于 0～0.4 mg·mL$^{-1}$ 的原花青素溶液。然后向各试管中依次加入 3.0 mL 4% 香草醛溶液和 1.5 mL 浓 HCl 溶液,室温放置 15 min 后,利用分光光度计测量 500 nm 波长下的吸光度。以吸光度为纵坐标,以各标准溶液浓度为横坐标作图,得标准曲线。

表 31－2　香草醛法测定原花青素含量的标准曲线绘制表

| 管号 | 0.4 mg·mL$^{-1}$儿茶素标准溶液/mL | 甲醇/mL | 原花青素浓度/(mg·mL$^{-1}$) |
|---|---|---|---|
| 0 | 0 | 0.50 | 0 |
| 1 | 0.10 | 0.40 | 0.08 |
| 2 | 0.20 | 0.30 | 0.16 |
| 3 | 0.30 | 0.20 | 0.24 |
| 4 | 0.40 | 0.10 | 0.32 |
| 5 | 0.50 | 0.00 | 0.40 |

**2. 样品含量测定**

取样液 0.50 mL 于试管中,依次加入 3.0 mL 4% 香草醛溶液和 1.5 mL 浓 HCl 溶液,室温放置 15 min 后,利用分光光度计测量 500 nm 波长下的吸光度。根据测得的吸光度,由标准曲线查出样液的原花青素含量,并进一步计算原花青素样品的百分含量。

## 【结果计算】

$$w = \frac{cV}{m} \times 100\%$$

式中：

$w$——原花青素的质量分数，%；

$c$——标准曲线上查得的原花青素的质量浓度，$mg \cdot mL^{-1}$；

$V$——稀释后总体积，mL；

$m$——样品质量，mg。

**【思考题】**

1. 比较香草醛法和 HCl–正丁醇比色法测定植物中原花青素含量的结果差异，并解释原因。

2. 水果的成熟度会影响原花青素的含量吗？为什么？

# 实验三十二　植物可溶性蛋白的提取、分离及测定

## 【目的要求】

1. 了解并掌握植物可溶性蛋白的提取和定量测定的原理与方法。
2. 了解并掌握聚丙烯酰胺凝胶电泳分离蛋白质的原理与方法。

## （一）考马斯亮蓝 G-250 法测定可溶性蛋白的含量

## 【基本原理】

植物材料中一般含有两种蛋白质,一种是易溶于水的可溶性蛋白,它主要存在于细胞质中,例如细胞基质、叶绿体基质和线粒体基质等;另一类是难溶于水的膜蛋白,主要存在于各种细胞器膜上。将植物材料在一定的提取缓冲液和 $0 \sim 4$ ℃低温条件下进行充分研磨,可溶性蛋白溶解在提取缓冲液里,通过一定的离心力除去未破碎的细胞器和膜蛋白,所得的上清液就是可溶性蛋白的粗提物。

考马斯亮蓝 G-250 法是利用蛋白质-染料结合的原理,定量地测定微量蛋白质浓度的快速、灵敏的方法。

考马斯亮蓝 G-250 有两种不同的颜色形式,蓝色和红色。它和蛋白质通过范德瓦尔斯键结合,在一定蛋白质浓度范围内,蛋白质和染料的结合符合比尔定律。该染料与蛋白质结合后颜色由红色变为蓝色,最大光吸收波长由 465 nm 变为 595 nm,通过测定 595 nm 处光吸收的增加量可得与其结合蛋白质的量。

蛋白质和染料的结合约 2 min(可完全反应),这是一个快速的过程,呈现最大光吸收,稳定 1 h 后,蛋白质-染料复合物发生聚合,并以沉淀析出。该法灵敏度高(比费林试剂法灵敏 4 倍),而且便于操作,含有较少的干扰物质,是一种较好的定量法。该法的缺点是在蛋白质含量很高时线性关系偏低,且不同来源的蛋白质与色素的结合状况也有差异。

## 【试剂及器材】

**1. 材料**

植物材料。

**2. 试剂**

(1)蛋白质标准溶液($100 \mu g \cdot mL^{-1}$牛血清白蛋白):准确称取牛血清白蛋白 0.025 g,加水进行溶解,定容至 100 mL,再吸取上述溶液 40 mL,用蒸馏水稀释至

100 mL即可。

（2）考马斯亮蓝试剂：称取0.1 g考马斯亮蓝G - 250，溶于50 mL 90%乙醇中，加入100 mL 85%（m/V）的磷酸，再用蒸馏水定容至1 000 mL，放于棕色瓶中避光贮藏，在常温条件下可保存一个月。

**3.器材**

分光光度计，离心机，研钵，烧杯，容量瓶，移液管，试管等。

## 【操作步骤】

**1.标准曲线的绘制**

取6支试管，按下表加入试剂，充分摇匀，向各管中加入考马斯亮蓝试剂5 mL，摇匀，并放置5 min左右，以1号试管为空白对照，在595 nm波长下测定吸光度。以蛋白质质量作为横坐标，以吸光度作为纵坐标，绘制出标准曲线。

**2.样品测定**

（1）样品提取：准确称取鲜样0.25 ~ 0.50 g，用5 mL蒸馏水或提取缓冲液研磨成匀浆后，3 000 r·min$^{-1}$离心10 min，留上清液备用。

（2）吸取1.0 mL上清液（视蛋白质含量适当稀释），放入试管中（每个样品重复两次），加入考马斯亮蓝试剂5 mL，充分摇匀，放置2 min，各试剂加入量如表32 - 1所示，在595 nm波长下进行比色，测定吸光度，通过标准曲线得出蛋白质的质量，从而得出样品中蛋白质含量。

表32 - 1　绘制标准曲线的各试剂加入量

| 试剂 | 管号 | | | | | |
|---|---|---|---|---|---|---|
| | 1 | 2 | 3 | 4 | 5 | 6 |
| 标准蛋白质溶液/mL | 0 | 0.20 | 0.40 | 0.60 | 0.80 | 1.00 |
| 蒸馏水/mL | 1.00 | 0.80 | 0.60 | 0.40 | 0.20 | 0 |
| 蛋白质质量/μg | 0 | 20 | 40 | 60 | 80 | 100 |

## 【结果计算】

$$样品中的蛋白质含量(mg \cdot g^{-1}) = (m \times V_T)/(V_S \times m_F \times 1\ 000)$$

式中：

$m$——查标准曲线值，μg；

$V_T$——提取液总体积，mL；

$V_S$——测定时加样量，mL；

$m_F$——样品鲜重，g。

## （二）聚丙烯酰胺凝胶电泳分离植物可溶性蛋白

**【基本原理】**

电泳是指带电粒子在电场中向带有相反电荷的电极移动。若 $v$ 代表球形分子在电场中的移动速度（电泳速度），$E$ 代表电场强度，$Q$ 代表带电粒子所带电荷量，粒子的半径为 $r$，溶液黏度为 $\eta$，则 $v/E = Q/6\pi\eta r$。电泳速度与电场强度和颗粒所带电荷量成正比，其与颗粒的大小、溶液的黏度成反比。在一定的 pH 值条件下，每一种分子都具有一定的电荷、大小和形状，在同一电场经过一定时间的电泳，便集中到特定的位置上并形成紧密的泳动带。不同组分的蛋白质（包括同工酶）的分子组成、结构、大小、形状均有所不同，它们在溶液中所带的电荷的多寡也不同，在电场中的运动速度也不相同，因此经过电泳便会分成不同的区带。然后用适当的染料进行着色，在凝胶上便可展现出蛋白质或同工酶的谱带。聚丙烯酰胺凝胶电泳（polyacrylamide gel electrophoresis，缩写为 PAGE）是以聚丙烯酰胺凝胶作支持介质的一种电泳方法。它是由丙烯酰胺（acrylamide，简称 Acr）单体和交联剂甲叉双丙烯酰胺（methylene bisacrylamide，简称 Bis）在催化剂的作用下，聚合交联而成的三维网状结构凝胶。当 Acr 和 Bis 遇到自由基时，它们便能聚合。有两种引发自由基产生的方法：化学法和光化学法，也称为化学聚合法或光化学聚合法。化学聚合法的引发剂为过硫酸铵（简称 PA）。在催化剂 N，N，N′，N′－四甲基乙二胺（简称 TEMED）的作用下，PA 形成氧自由基而引发聚合反应，在低 pH 值条件下，聚合反应可能延迟甚至被阻止，因为反应需要 TEMED 的游离碱基。提高聚合反应速度可以通过增加 TEMED 或 PA 的浓度来实现，但速度过快会影响制板操作，即使两者浓度过高也会影响蛋白质活性。光化学聚合法以核黄素（VB$_2$）作为催化剂（可以不加 TEMED），在痕量氧的存在下，光照启动核黄素光解形成自由基，从而引发聚合作用。过量的氧会阻止链长的增加。如果在光化学聚合时加入 TEMED，便可以加速聚合。光化学聚合形成的凝胶孔径较大，而且随着时间的延长逐渐变小，且不稳定，所以用它来制备大孔径凝胶较为合适。采用 PA－TEMED 化学聚合形成的凝胶孔径较小，而且重复性好，常用作制备分离胶。因为氧抑制聚合反应，所以凝胶混合物在聚合前需要脱气。凝胶的密度、弹性、黏度、机械强度以及孔径大小由 Acr 和 Bis 的浓度、交联度来决定。凝胶浓度是指 100 mL 凝胶溶液中包含的单体和交联剂的总质量，用 $w_T$ 表示。交联度为凝胶中交联剂占单体加交联剂总质量的百分数，用 $C$ 表示。

$$w_T = (m_a + m_b) \times 100/V$$
$$C = m_b \times 100/(m_a + m_b)$$

式中：

$m_a$——Acr 的质量,g;

$m_b$——Bis 的质量,g;

$V$——凝胶溶液总体积,mL。

在此,$m_a$:$m_b$ 是关键;当 $m_a$:$m_b$ < 10 时,形成的凝胶硬、脆,呈乳白色;当 $m_a$:$m_b$ > 100 时,即便是 5% 的凝胶也呈糊状,也易断裂。要制备出透明的有弹性的凝胶,$m_a$:$m_b$ 要控制在 30 左右。通常 $w_T$ = 2% ~ 5% 时,$m_a$:$m_b$ ≈ 20;$w_T$ = 5% ~ 10% 时,$m_a$:$m_b$ ≈ 40;$w_T$ = 15% ~ 20% 时,$m_a$:$m_b$ = 125 ~ 200。$w_T$ 的范围在 3% ~ 25% 内,凝胶易发生聚合。$w_T$ = 7.5% 的凝胶称作标准凝胶。在此凝胶电泳中,大多数生物体内的蛋白质的测定可以得到满意的结果。聚丙烯酰胺凝胶电泳有三种使蛋白质分离的效应:一是电荷效应,各种蛋白质分子所带电荷不同,在同一电场中泳动率不同;二是分子筛效应,蛋白质的分子大小和形状不同,在通过一定浓度(一定孔径)的凝胶时所受的阻力各不相同,泳动率也不相同;三是浓缩效应,凝胶为不连续系统(凝胶层、pH 值、电位梯度均不连续),从而使样品浓缩在一个极窄的起始区带,提高了条带分辨率。

## 【试剂及器材】

### 1. 试剂

(1)30% 丙烯酰胺(未纯化的试剂,配制后需要过滤)。

(2)1% 甲叉双丙烯酰胺。

(3)10% 的过硫酸铵(冰箱贮藏,不得超过 5 天)。

(4)分离胶缓冲贮备液(3 mol·$L^{-1}$ Tris – HCl pH = 8.8):准确称取 36.6 g Tris – base,加 30 mL 蒸馏水和约 48 mL 1 mol·$L^{-1}$ HCl,再用酸度计调节 pH 值至 8.8,定容至 100 mL。

(5)浓缩胶缓冲贮备液(0.5 mol·$L^{-1}$ Tris – HCl pH = 6.8):准确称取 6.0 g Tris – base,溶于 40 mL 蒸馏水中,用约 48 mL 1 mol·$L^{-1}$ HCl 调节 pH = 6.8,定容至 100 mL。

(6)电极缓冲液(0.25 mol·$L^{-1}$ Tris,1.92 mol·$L^{-1}$ 甘氨酸,pH = 8.3):准确称取 3 g Tris – base 和 14.4 g 甘氨酸,用重蒸水定容至 100 mL,用时进行 10 倍稀释。

(7)N,N,N′,N′ – 四甲基乙二胺。

(8)提样缓冲液:稀释 4 倍的浓缩胶缓冲贮备液。

(9)样品处理液:甘油 5 mL,0.1% 溴酚蓝 0.5 mL,浓缩胶缓冲贮备液 5 mL,水 14.5 mL,1.5% 琼脂糖溶液。

### 2. 器材

电泳仪一套(稳压电源,垂直电泳槽和相配套的凹槽玻璃板);真空泵及真空干燥器;高速离心机(10 000 r·$min^{-1}$);1 个 50 mL 烧杯;1 个 100 mL 锥形瓶;2 个 50 μL 微量进样器;1 个 5 mL 注射器;刻度吸管:10 mL × 3、5 mL × 2、0.1 mL × 1;穿刺针头;

胶头滴管;2个20 mL培养皿(或用白瓷盘代替,染色用);医用胶布。

## 【操作步骤】

### 1. 凝胶制备

(1)取两块电泳玻璃板(其中一块有凹槽),用热的去污剂清洗,用蒸馏水冲洗,直立干燥。洁净的玻璃板内面不要用手指触摸,以防污染。根据所需凝胶厚度,选择1~3 mm厚的玻璃或Teflon夹条,安装并用胶带封好两侧。将板用铁夹固定在制胶架上,下部插入封胶琼脂糖小盒中。待模具安装好之后,用电极缓冲液配制1.5%琼脂糖溶液(冬天1.5%,夏天2%),沸水浴加热,直至琼脂糖完全溶解,用胶头滴管先沿板的上部灌入两侧的封胶孔,再直接于琼脂糖小盒中将琼脂糖灌入,注意过程中不要产生气泡。封板后,模具不允许再挪动,防止产生缝隙。封好的模具应三面有连续琼脂糖封闭区。

表32-2 聚丙烯酰胺凝胶配制表

| 类别 | 分离胶 | | | | | | | 浓缩胶 |
|---|---|---|---|---|---|---|---|---|
| $\omega_T$/% | 5.0 | 7.5 | 10.0 | 12.5 | 15.0 | 17.5 | 20.0 | 3.0 |
| 30% Acr/mL | 5.00 | 7.30 | 9.75 | 12.32 | 14.88 | 17.40 | 20.00 | 1.00 |
| 1% Bis/mL | 4.0 | 5.6 | 7.5 | 5.4 | 3.5 | 3.5 | 3.0 | 1.0 |
| 分离胶缓冲贮备液/mL | 3.75 | 3.75 | 3.75 | 3.75 | 3.75 | 3.75 | 3.75 | — |
| 浓缩胶缓冲贮备液/mL | — | — | — | — | — | — | — | 2.5 |
| 重蒸水/mL | 17.05 | 13.15 | 8.80 | 8.33 | 7.67 | 5.15 | 3.05 | 5.43 |
| 10% AP/mL | 0.20 | 0.20 | 0.20 | 0.20 | 0.20 | 0.20 | 0.20 | 0.07 |

注:分离胶30 mL,浓缩胶10 mL,根据需要,各成分的体积可按照比例增减

(2)根据需要从表32-2中选择适当的浓度值,并配制凝胶。一般同工酶可选择7.5%~10%的凝胶(过氧化物酶和酯酶选择7.5%的凝胶较合适,超氧化物歧化酶选择10%的凝胶,可溶性蛋白可根据需要配制)。将配制好的凝胶放入真空干燥器中,进行10 min抽气,再加入15 μL TEMED,混匀后用玻璃棒引流,沿无凹槽的玻璃板缓缓注入胶室中,注意注胶过程中防止气泡产生。胶液加到离凹槽3 cm处为止,立即用注射器轻轻在胶溶液上面铺1 cm高的水层,但不要扰乱聚丙烯酰胺胶面。待分离胶和水层之间出现清晰的界面时,表明聚合已完成。用注射器小心吸出上层覆盖的水,按上表配制好浓缩胶,抽气后加入5 μL TEMED,混合后加到分离胶上层,插入预先选择好的样品梳,注意不要带入气泡。

**2. 样品制备**

采摘小麦幼苗上数第一展开叶,取中部,除去叶脉,准确称取 1 g,加入少量的提样缓冲液,置冰浴研磨成匀浆后定容至 5 mL,10 000 r·min$^{-1}$ 离心 15 min,上清液即为可溶性蛋白和粗提液。取此液 0.5 mL 加入等体积的样品处理液,混匀后放入冰箱备用。

(1)把制备好的凝胶板夹在电泳槽上,向上下槽注入电极缓冲液,取下样品梳(注意不要拉断样槽隔墙)。将微量进样器针头插入样槽下部,缓缓进样。每槽点样 15~20 μL。

(2)上槽接负极,下槽接正级,接通电源,电流调至 15~20 mA,电压 200 V,电泳直至溴酚蓝到达凝胶前沿为止。将电流、电压调至零后断电。

(3)电泳结束后,取下玻璃板,撕去胶带,抽出夹条,将两块玻璃板放在水龙头下,借助水流,用解剖刀柄轻轻从板侧缝间撬开玻璃板(注意不要从凹槽处撬),将胶放入染色液中。

**3. 染色**

(1)可溶性蛋白的染色:称取 0.2 g 考马斯亮蓝 G-250,用少量无水乙醇来溶解,用含有 40% 乙醇和 7% 醋酸的水溶液稀释到 200 mL。将胶板浸入此液,室温下染色 5~6 h,倒去染色液,用水冲洗附着于胶面上的染料,再将胶浸入脱色液中(400 mL 乙醇,70 mL 乙酸,加水到 1 000 mL),多次更换脱色液,直至背景清晰。

(2)结果保存:对脱过色的凝胶照像或扫描,作为实验报告的凭证。学生的实验报告可用绘图或干胶记录酶的谱带,可溶性蛋白的主要谱带可用干胶保存结果。方法如下:

①干胶制备:裁下 2 张比胶片四边长 3 cm 左右的玻璃纸,在水中浸湿后,先把一张平铺于玻璃板上,放上凝胶片再盖上另一张,用玻璃棒赶走气泡,将玻璃纸边缘折向玻璃板底部,用另一块同样大小的玻璃板按住,再用夹子夹住两端进行固定,在室温下避光放置一天左右,然后取下干胶,修剪整齐保存。

②绘图表示:按照颜色深浅将各酶带绘制成谱带图。

【思考题】

1. 植物可溶性蛋白含量的测定方法有几种? 各有什么优缺点?
2. 聚丙烯酰胺凝胶电泳分离蛋白质的基本原理是什么?
3. 什么是凝胶的浓缩效应?

# 第四部分
# 设计性实验

# 实验三十三 燕麦水解蛋白的制备与性质测定

## 【目的要求】

1. 认识碱性蛋白酶和中性蛋白酶的区别。

2. 学习水解蛋白的制备过程及水解蛋白的理化性质的测定方法,包括水解度的测定,水解蛋白相对分子质量的测定。

## 【基本原理】

过 40 ~ 60 目筛的燕麦麸中蛋白质含量最高,为 19.42%,其中的粗脂肪含量为 10.57%,淀粉含量为 49.54%,水分含量为 7.74%,灰分含量为 3.40%,其他为 9.33%。燕麦麸中的蛋白质含量高,营养价值高,是优质的蛋白质。

蛋白质水解法分为酸水解法、碱水解法及酶水解法。酶水解法中由于酶的作用位点确定,所以水解程度可控,水解产物一般为中短肽。不同蛋白酶水解条件各不相同,碱性蛋白酶在 pH 值较高的条件下活性较强,而中性蛋白酶在 pH = 7 的条件下活性较强。同一种酶不同条件(如水解时间、水解温度和酶量)下,水解也有很大的不同,这导致水解所得多肽的相对分子质量和多肽性质有很大的不同。

水解度测定采用甲醛比色法。水解度指蛋白质分子中由生物或化学的水解而断裂的肽键占蛋白质分子中总肽键的比例。用公式表示即为:

$$DH = h/h_{tot} \times 100\%$$

式中: $h$——水解后每克蛋白质被裂解的肽键的毫摩尔数,$mmol \cdot g^{-1}$;

$h_{tot}$——每克原料蛋白质的肽键毫摩尔数,$mmol \cdot g^{-1}$。

## 【试剂及器材】

### 1. 材料

燕麦麸。

### 2. 试剂

燕麦麸皮、碱性蛋白酶、中性蛋白酶、Sephadex G – 15。

1 $mol \cdot L^{-1}$ 乙酸锂 – 二甲基亚砜溶液(pH = 5.2):4 $mol \cdot L^{-1}$ 乙酸锂用乙酸调节 pH = 5.2,取 1 份上述液体加入 3 份 70% 二甲基亚砜溶液。

1% 茚三酮溶液:称取 1 g 水合茚三酮(纯度 99%),溶于 100 mL 1 $mol \cdot L^{-1}$ 乙酸锂 – 二甲基亚砜溶液中,置棕色瓶保存。

标准氨基酸溶液(1 $mmol \cdot L^{-1}$):如标准赖氨酸溶液,精量称取赖氨酸 7.309 mg,

定容于 50 mL 重蒸水中。

**3. 器材**

pH 计、电子天平、高速离心机、水浴恒温振荡器、电脑恒流泵、核酸蛋白检测仪、全自动部分收集器、记录仪、电热恒温水浴锅、紫外可见分光光度计。

## 【操作步骤】

**1. 燕麦肽制备**

取燕麦麸,经 20~80 目过筛,将其作为水解原料。

(1)碱性酶水解工艺

称取 10 g 燕麦麸,加入 100 mL 蒸馏水,即固液比为 1:10。调节燕麦麸液 pH = 9。55 ℃摇床预处理 1 h。添加碱性酶 0.5 mL 于反应体系中,按 5% 的量添加。摇床振荡反应一定时间,8 000 r·min⁻¹ 离心 15 min,上清液为燕麦麸的水解液。

(2)中性酶水解工艺

称取 20 g 燕麦麸,加入 200 mL 蒸馏水,即固液比为 1:20。调节燕麦麸液 pH = 6.5。按 10% 的量添加中性酶。摇床振荡反应一定时间,8 000 r·min⁻¹ 离心 15 min,上清液为燕麦麸的水解液。

**2. 肽含量的测定**

标准曲线的制作:取 12 支试管分成两组,分别加入 0、0.2 mL、0.4 mL、0.6 mL、0.8 mL、1.0 mL 标准氨基酸溶液,相当于氨基酸的物质的量为 0、200 nmol、400 nmol、600 nmol、800 nmol、1 000 nmol。各管加入 1% 茚三酮溶液 0.5 mL,充分混匀,将试管口盖住,在 100 ℃沸水浴中加热 15 min,冷却后用重蒸水稀释至 25 mL。充分混匀,测量 570 nm 处的吸光度。以氨基酸含量为横坐标,吸光度为纵坐标,绘制标准曲线。

样品测定:取 1 mL 含有约 0.5 μmol 的氨基酸样品溶液,加入 1% 茚三酮 0.5 mL,其余按上述方法操作进行测定。根据标准曲线查出样品的氨基酸的物质的量(μmol),乘以该种氨基酸的相对分子质量则可计算出 1 mL 样品中氨基酸的质量。

**3. 水解度的测定(甲醛滴定法)**

取水解蛋白液 5 mL,加入 60 mL 去除 $CO_2$ 的蒸馏水,磁力搅拌,用 0.1 mL NaOH 滴定至 pH = 8.2,加入已中和好的甲醛溶液(pH = 8.2)20 mL,记录将其 pH 值滴至 9.2 时所消耗的 NaOH 量,同时也要做空白实验。

**4. 燕麦肽相对分子质量的测定**

凝胶的选择:选择可分离相对分子质量范围在 1 000~5 000 的交联葡聚糖凝胶 Sephadex G - 25。

称取 80 g Sephadex G - 25 凝胶颗粒,加入洗脱液,以及 pH = 7.0 的磷酸盐缓冲液,室温放置 6 h 以上。用倾斜法将不易沉下的较细颗粒倾去。装柱前最好将处理好的凝胶置于真空干燥器中抽真空,以除尽凝胶中的空气。

将层析柱垂直固定,下端连接硅胶管并用弹簧夹夹住。向管中加入约 1/3 高度的去离子水,由下端排出适量水,将处理好的凝胶调成适当浓度的浆状物,一次倒入漏斗中,搅拌几下使凝胶缓慢下沉。

将洗脱液装入一个下口瓶中,与层析柱相连,用 3~5 倍体积的洗脱液洗柱,柱稳定后调整流速至所需大小。

加样时,调紧上下进水口,以防操作压改变。可将塑料管下口抬高至层析柱上口 50 cm 处,打开柱上端的塞子或螺丝帽,吸出层析柱中多余的液体直至与胶体液面相切,沿管壁小心将样品溶液加到凝胶面上,应避免将凝胶面冲起,开启恒流泵使样品溶液流入柱内,同时收集流出组分。

标准曲线的制作:用洗脱液配制标准蛋白质溶液,按上述方法加入上述蛋白质溶液 3 mL,以 0.8 mL·min$^{-1}$ 的洗脱速度洗脱,并按每管 5 min 收集洗脱液。用核酸蛋白检测仪在 280 nm 下进行检测,并由记录仪记录洗脱曲线。以洗脱体积为横坐标、相对分子质量的对数为纵坐标,做出标准蛋白质溶液的洗脱曲线。

样品的测定:取水解一定时间的燕麦水解液 5 mL,以 0.8 mL·min$^{-1}$ 的洗脱速度洗脱,并按每管 5 min 收集洗脱液。用紫外-可见分光光度计逐管测定吸光度 $A_{280}$,并确定各水解液的洗脱峰最高点,然后量出其洗脱体积。

## 【结果计算】

水解液中蛋白质的—NH$_2$含量为:

$$1\ 000 \times M \times (V_1 - V_2)/5.00$$

式中:

$M$——所用溶液的摩尔浓度,mol·L$^{-1}$;

$V_1$——样品滴定耗 NaOH 体积数,mL;

$V_2$——空白实验所耗 NaOH 体积数,mL。

水解液中断裂的肽键数(mmol·L$^{-1}$)= 水解液蛋白质的—NH$_2$含量 - 原蛋白质中游离—NH$_2$含量

$$DH = \frac{\text{水解液的中断裂的肽键数}}{\text{蛋白质中总的肽键数}} \times 100\%$$

## 【思考题】

不同蛋白酶水解燕麦蛋白质有什么共同规律?

# 实验三十四　银耳多糖的提取与含量测定

## 【目的要求】

1. 学习稀碱法提取银耳多糖的原理和方法。
2. 掌握苯酚－硫酸法测定银耳多糖的含量。

## 【基本原理】

真菌多糖以天然产物形式存在,大多数是以氢键、离子键等与其他多糖等聚合在一起的,因而必须以各种有效方法破坏多糖链与其他物质的共价结合,方能达到提取多糖的目的。银耳多糖(TP)是从银耳中分离的含蛋白质的多糖,其单糖组成为葡糖醛酸、甘露糖、木糖及少量岩藻糖和葡萄糖,银耳多糖的相对分子质量约为 30 万。银耳多糖的提取方法,常用的有热水提取法、酸提取法、碱提取法,以及酶解提取法。本实验采用稀碱法提取银耳多糖,这主要是因为银耳子实体中多为酸性多糖,碱有利于酸性多糖的浸出,浸提效果比较好。

目前,多糖含量的测定方法主要有滴定法、比色法、高效液相色谱法、薄层层析法等,其中苯酚－硫酸法具有操作简单,不需要精密和贵重的仪器设备,灵敏度、准确度、特异性高等优点,它是一种比较理想的多糖含量测定方法。苯酚是芳香环上的氢被羟基取代的产物,在 100 ℃水浴环境中与浓硫酸反应,生成对羟基苯磺酸,这是因为磺酸基位阻大,温度升高时,邻位的位阻效应显著,所以取代主要发生在对位。对羟基苯磺酸与银耳多糖中的己糖及糖醛酸发生显色反应,生成橙黄色化合物,在 490 nm 处测量吸光度,进行定量测定。

## 【试剂及器材】

### 1. 试剂

NaOH($1\ mol \cdot L^{-1}$),硅藻土,浓硫酸。

苯酚试液:称取苯酚(分析级)10 g,加水 190 mL 溶解后,置于棕色瓶中,备用。

### 2. 器材

pH 计,烧杯 1 000 mL,电子天平,量筒,电动搅拌器,电热恒温水浴锅,离心机,循环水式真空泵,布氏漏斗(直径 20 cm),抽滤瓶 1 000 mL,滤纸,紫外－可见分光光度计,具塞刻度试管(10 mL)。

## 【操作步骤】

**1. 银耳多糖的提取**

称取 10.0 g 银耳粉于 1 000 mL 烧杯中，加入 700 mL 去离子水，60 ℃水浴加热 10 min。加入 NaOH 数滴，使提取液呈碱性（pH = 8.5），置于 80 ℃电热恒温水浴锅中，搅拌加热 3 h 后，离心（4 000 r·min$^{-1}$）15 min。取上清液，趁热抽滤。滤液收集，等待检测。

**2. 银耳多糖含量的测定**

样液制备：准确吸取 1.0 mL 滤液，置于 50 mL 容量瓶中定容。

准确吸取样液 2.0 mL（另取 2.0 mL 去离子水做空白对照），置于具塞刻度试管中，加入苯酚试液 1.0 mL，摇匀，迅速加入浓硫酸 5.0 mL，放置 5 min 后，置于沸水浴上加热 60 min，冷至室温后，在 490 nm 处测量吸光度，计算多糖含量。

## 【结果计算】

多糖含量（mg·g$^{-1}$）= 多糖浓度（mg·mL$^{-1}$）× 体积（mL）× 稀释倍数/样品质量（g）

## 【注意事项】

控制加热时间、温度，否则影响多糖得率。

## 【思考题】

分析影响多糖含量的因素。

# 实验三十五 自选题目设计实验

## 【目的要求】

1. 学会查阅文献资料,根据相关资料,提出实验方案。

2. 动手配制实验所需试剂。

## 【实验要求】

1. 学生应根据实验室所配的仪器设备及药品试剂进行自主设计。

2. 所设计的实验应在 8～10 学时内完成。

3. 学生应在查阅大量相关资料的基础上进行实验方案的设计,并于实验前两周交给实验指导教师审核。

4. 实验指导教师要认真审核学生递交的实验设计方案,对可行的方案要提前一周通知学生。

## 【试剂及器材】

### 1. 试剂

常规生化试剂。

### 2. 器材

分光光度计、离心机、电冰箱、电热恒温水浴锅、真空泵、电热恒温培养箱、摇床、灭菌锅、鼓风干燥箱、分析天平等。

## 实验设计示例一

### 纤维素酶活性测定及 pH 值对活性的影响

## 【目的要求】

1. 提出实验设计,绘制还原糖含量－吸光度的标准曲线。

2. 测定 pH 值对纤维素酶活性的影响曲线及该酶的最适 pH 值。

3. 测定不同底物(定性滤纸、脱脂棉球、羧甲基纤维素钠等)时的纤维素酶活性。

## 【实验要求】

**1. 根据相关资料,提出实验方案**

实验前,根据有关资料,了解该酶的基本特性、酶活性测定的基本原则与要求,拟定初步实验方案,包括实验原理、实验步骤及实验目的等。

**2. 修订实验方案**

提出实验方案,经过实验指导教师修改后,确定最终的实验方案,并开始进行实验。具体任务是绘制还原糖含量 - 吸光度的标准曲线,测定 pH 值对纤维素酶活性的影响曲线及该酶的最适 pH 值,测定样品中的纤维素酶活性。

**3. 数据处理与实验报告书写**

根据实验测定的结果,利用计算机分析处理有关实验数据,利用计算机绘制标准曲线计算相关系数($r$),利用回归方程计算获得实验结果,最后将整个实验过程(包括实验设计、实验操作、结果分析等)以实验报告的形式呈交。

# 实验设计示例二

## 酶法提取多糖类物质影响因素确定
## (以黑木耳、金针菇、香菇为原料)

## 【目的要求】

1. 提出实验设计,绘制还原糖含量 - 吸光度的标准曲线。

2. 测定 pH 值、温度、酶浓度、时间对酶活性的影响,以及该酶的最适 pH 值、温度、酶浓度、时间。

3. 以不同食用菌原料黑木耳、金针菇、香菇等为多糖类物质提取材料。

以下为备选题目:

【题目】酪氨酸酶提取及催化活性研究(以苹果、土豆为原料)

【题目】香菇多糖的制备及测定

【题目】萌发玉米中淀粉酶活性测定

【题目】萌发红小豆中蛋白酶活性测定

【题目】马铃薯中过氧化物酶和多酚氧化酶活性的测定

# 附　录

# 附录一　生物化学实验室守则

1. 每次实验前要认真对实验进行预习,书写实验预习报告,报告不得按实验报告原样照抄,需归纳总结,复杂的操作步骤应尽量用流程图表示。

2. 实验过程中的实验数据和实验现象应真实、及时地记录在实验报告上(不要记在纸上)。

3. 实验报告的处理分两类:定性实验要求准确分析实验现象产生的原因;定量实验要求清楚写出误差分析和结果讨论。如有思考题应课下完成。实验数据以及数据处理不得编造或照抄他人,如有雷同均按不及格处理。

4. 要自觉、严格遵守实验课课堂纪律,实验操作要标准并严格按照操作规程操作,在独立操作的基础上要学会与其他同学配合。

5. 实验过程中要爱护各种仪器,轻拿轻放,每次实验完成后应立即将玻璃器皿洗净,并倒置在实验台上整齐排列。如有器材损坏或遗失需立即向指定教师说明原因,填写完器材损坏遗失记录单后方可补领,并按规定赔偿。

6. 精密贵重仪器每次使用后都应认真填写仪器使用记录本,记录仪器使用情况。时刻保持仪器的清洁。如发现仪器出现故障,应立即停止使用,并迅速报告指定教师。

7. 实验试剂、药品、蒸馏水及其他易耗品应按需要量取,勤拿少取,注意节约。

8. 公共仪器、试剂、药品等使用后放回原处。尽量不要用个人用过且没有规范清洗的移液管等玻璃器皿量取公用药品或试剂,剩余的药品不得放入原试剂瓶内。特别注意取完试剂后要立即盖上试剂瓶的盖子,不得搞错。

9. 要时刻保持实验台面、地面、水池及室内整洁。含强酸、强碱等腐蚀性和有毒性的废液应倒入废液缸中。

10. 实验过程中应避免将易燃溶剂接近火焰。漏电的设备坚决不得使用。离开实验室前应检查水、电、门、窗是否关好。严禁用嘴吸取(或用皮肤接触)有毒药品或试剂。凡能产生烟雾、有毒气体或不良气味物质的实验均要在通风橱内进行,通风橱的门应紧闭。

11. 每次实验结束后由学生轮流值日,值日学生负责打扫实验室卫生、整理公用器材,并检查实验室安全,值日结束后经指定教师确认后方可离开实验室。

# 附录二　实验室安全及防护知识

　　生物化学实验室是进行教育和科研的场所,稍有不慎,电、水、火、毒、伤等事故均有可能发生,危及人体健康及生命安全,会造成重大财产损失。教师和实验室管理人员应当经常对学生进行实验室安全观念的教育,并十分重视安全工作,防患于未然。学生应该熟悉实验室安全及防护知识,万一发生事故,应及时采取适当的急救措施。

## 一、实验室安全知识

### 1. 安全用电,慎之又慎

　　(1)实验室管理人员必须经常检查电源线路及插座,发现电线绝缘胶皮老化或插座破裂等问题要及时维修更换。

　　(2)不得超负荷使用电器设备。保险丝熔断后应寻找可能原因,排除故障或确认无危险后用相同的保险丝更换,不得用铁丝、铜丝和粗保险丝替代。

　　(3)使用电学仪器或设备时,要注意电压、电流是否符合铭牌规定要求。必须时应使用调压器。

　　(4)严格按照电器使用规程操作,不能随意拆卸、玩弄电器。

　　(5)严防触电。电闸是控制局部电路、实施维修的必要装置,原则上谁拉电闸(维修后)谁关闭。发现闸刀被拉下,在情况不明的情况下不能贸然合闸,以免他人触电。绝不可用湿手套或在眼睛旁视时开关电闸和电器开关。检查电器设备是否漏电时应使用试电笔。凡是漏电的仪器一律不能使用。

### 2. 水火无情,注意防范

　　(1)水是宝贵的资源,应注意节约用水,使用完毕随手关闭水龙头。工作完毕离开实验室前,应检查一下室内所有水龙头是否已经关严并养成习惯。水槽内不可堆积仪器或杂物,以防排水不利时,水溢出槽外。随时保证地板上地漏畅通。

　　(2)实验室必须配备一定数量的消防器材,并按消防规定保管、检修和使用。所有实验室工作人员,都应接受消防器材使用培训。

　　(3)实验室发生火灾的主要原因是不安全用电、不正确用火,以及不合理使用和处理可燃、易爆试剂,如乙醚、丙酮、乙醇、苯、金属钠、白磷等。实验室内严禁吸烟。冰箱内不许存放可燃液体。实验室内必须存放的少量的即将使用的可燃物,应远离火源和电器开关。倾倒可燃性液体时,室内不得有明火或开启电器。低沸点的有机溶剂不准放在火焰上直接加热,只能利用带回流冷凝管的装置在水浴上加热或蒸馏。

　　(4)如果不慎弄洒相当数量的可燃液体,应立即切断室内的所用电源和电加热器的电源。关上门,打开窗户。用毛巾或抹布擦拭洒出的液体,回收到带塞的瓶内。

(5)可燃和易爆炸物质的残渣(如金属钠、白磷、火柴头等)不得倒入污物桶或水槽中,应集中在指定的容器内。可燃的有机溶剂废液也不能倒入水槽中,必须回收到带塞的瓶内。

### 3.严防中毒,注意安全

(1)有毒物质应按实验室规定办理审批手续后领取,并妥善保管。生物危险品或放射性物质存放及操作的实验室、不同类型的化学药品存放处应有国际通用标志。

(2)使用有毒物质和致癌物质必须根据试剂瓶上标签说明严格操作,安全称量、转移和保管、操作时应戴手套,必要时戴口罩和防毒面罩,并在通风橱中进行。装过有毒物质、致癌物质的容器应单独清洗、处理。

(3)水银温度计、气量计等含汞设备破损时,必须立即采取措施回收,并在污染处撒上一层硫磺粉以防汞蒸气中毒。

### 4.规范操作,避免伤害

使用玻璃、金属器材或动力设备时,注意防止割伤和机械创伤。清除碎玻璃时不可用抹布,以免洗抹布时划伤或扎伤手部。量取浓酸、浓碱时需要格外小心。用吸量管量取液体试剂尤其是毒品时,必须用吸耳球,不得用口吸。

### 5.预防生物危害

生物材料如微生物,动物的组织、血液和分泌物,以及细胞培养液都可能存在细菌和病毒感染的潜伏性危险。处理各种生物材料必须谨慎、小心,做完实验后必须用肥皂、洗涤剂或消毒液充分洗净双手。使用微生物作为材料时,尤其要注意安全和清洁卫生。被污染的物品必须进行高压消毒或焚烧处理。被污染的玻璃用具应在清洗和高压灭菌之前立即浸泡在适当的消毒液中。

### 6.警惕放射性伤害

放射性同位素的使用必须在有放射性标志的专用实验室中进行,切忌在普通实验室中操作或存放有放射性的材料和器具。实验后应及时淋浴,定期进行体检。

### 7.妥善保管和收藏科研资料

科研资料是科研人员艰苦劳动的文字记录、视听记载、实物证据,应妥善保管,防止水淹、火烧、鼠咬、发霉或丢失。

## 二、实验室灭火法

实验中一旦发生了火灾,切不可惊慌失措,应保持镇静。首先立即切断室内一切火源和电源,然后根据具体情况积极正确地进行抢救和灭火。

较大的火灾事故应立即报警,必须清楚说明发生火灾的实验室的确切地点。

导线着火时应切断电源或使用四氯化碳灭火器,不能用水和二氧化碳灭火器,以免人员触电。

可燃性液体着火时,应立即转移着火区域内的一切可燃物质。若着火面积较小,可用石棉布、湿布或沙土覆盖,隔绝空气使之熄灭。但覆盖时切忌忙中生乱,不要碰破或打翻盛有可燃性液体的器皿,避免火势蔓延。绝对不要用水灭火,否则会扩大燃烧面积。金属钠着火时可用沙土覆盖。

衣服着火时切忌奔走,应卧地滚动灭火。

### 三、实验室急救

实验中不慎受伤,应立即采取适当的急救措施。

1. 有人触电时应立即关闭电源或用绝缘的木棍、竹竿等使被害者与电源脱离接触。急救者必须采取防止触电的安全措施,不可用手直接接触受害者。

2. 出现玻璃割伤及其他结构损伤时,首先检查伤口内有无玻璃或金属碎片,然后用硼酸水洗净,再涂抹碘酒或红药水,必要时用纱布包扎。若伤口较大或过深而大量出血时,应迅速在伤口上部和下部扎紧血管止血,立即到医院诊治。

3. 烫伤。轻度烫伤一般可涂上苦味酸软膏。如果伤处红痛或红肿(一级灼伤),可擦医用橄榄油;若皮肤起泡(二级灼伤),不要弄破水泡,防止感染;若伤处皮肤呈棕色或黑色(三级灼烧),应用干燥而无菌的消毒纱布轻轻包扎好,急送医院治疗。

4. 化学试剂灼伤。强碱和碱金属引起的灼伤,先用大量自来水冲洗,再用5%硼酸溶液或2%乙酸溶液涂洗。强酸、溴等引起的灼伤,应立即用大量自来水冲洗,再用5%硼酸钠溶液或5%氨水洗涤。酚触及皮肤引起灼伤,可用乙醇洗涤。

5. 汞容易由呼吸道进入人体,也可以经皮肤直接吸收而引起积累性中毒。严重中毒的症状是口中有金属味,呼出气体也有气味;流唾液、打哈欠时疼痛,牙床及嘴唇上有硫化汞的黑色;淋巴腺及唾液腺肿大。若不慎中毒时,应送医院急救。急性中毒时通常用炭粉或呕吐剂彻底洗胃,或者食入蛋白质(如1升牛奶加3个鸡蛋清),或者用蓖麻油解毒并使之呕吐。

# 附录三　实验报告示例

**1. 数据记录**

实验课前应认真预习,将实验名称、目的要求、基本原理、实验内容、操作方法和步骤等简单扼要地写在报告上。

实验中观察到的现象、结果和数据,应该及时地直接记在实验报告上,绝对不可以用单片纸做记录或草稿。原始记录必须准确、简练、详尽、清楚。从实验课开始就应养成这种良好的习惯。

记录时,应做到正确记录实验结果、切忌夹杂主观因素,这是十分重要的。在实验条件下观察到的现象,应如实仔细地记录下来。在定量实验中得到的数据,如称量物的质量、滴定管的读数、光电比色计或分光光度计的读数等,都应设计一定的表格准确记下读数,并根据仪器的精确度准确记录有效数字。例如,吸光度值为 0.050 不应写成 0.05。每一个结果最少要重复观测两次以上,当符合实验要求并确知仪器工作正常后再写在记录本上。实验记录上的每一个数字,都是反映每一次实验的测量结果,所以重复观测时即使数据完全相同也应如实记录下来。数据的计算也应该写在记录本的另一页上,一般写在正式记录左边的一页。总之,实验的每个结果都应正确无遗漏地做好记录。

如果发现记录的结果有疑问、遗漏、丢失等,都必须重做实验。因为将不可靠的结果当作正确的记录,在实际工作中可能造成难以估计的损失,所以在学习期间就应一丝不苟,努力培养严谨的科学作风。

**2. 实验报告**

实验结束后,应及时整理总结实验结果,写出实验报告。实验报告的书写应使用黑色或蓝色钢笔或圆珠笔,可使用铅笔作图或用电脑制作打印标准曲线。

通常每次实验课只做一个定量实验,在实验报告中,目的要求、基本原理以及操作步骤部分应简单扼要地叙述,但是对于操作的关键环节必须写清楚。对于实验结果部分,应根据实验课的要求将一定实验条件下获得的实验结果和数据进行整理、归纳、分析和对比,并尽量总结成各种图表,如原始数据及其处理的表格、标准曲线图,以及比较实验组与对照组实验结果的图表等。另外,还应针对实验结果进行必要的说明和分析。讨论部分可以包括:思考题;实验的正常结果和异常现象;关于实验方法(或操作技术)和有关实验的一些问题;对于实验设计的认识、体会和建议;对实验课的改进意见等(要针对实验操作方面的内容,对于应付写缺少仪器设备的不给分)。

# 实验报告范例一 定性实验

课程名称　生物化学实验

实验名称　蛋白质的两性反应和等电点的测定

操作者姓名　　　　　　班级　　　　　　日期

## 目的要求

1.了解蛋白质的两性解离性质。

2.初步学会测定蛋白质等电点的方法。

## 基本原理

等电点(pI):蛋白质分子所带的正电荷和负电荷相等,以两性离子形式存在。在等电点时,蛋白质溶解度最小,溶液的浑浊度最大,配制不同 pH 值的缓冲液,观察蛋白质在这些缓冲液中的溶解情况即可初步确定蛋白质的等电点。

阴离子　　　　　　　　两性离子　　　　　　　　阳离子

## 实验记录

### 1.蛋白质的两性反应

蛋白质的两性反应现象如附表 3－1 所示。

附表 3－1　反应现象记录

| 实验步骤 | 现象记录 | 解释原因 |
| --- | --- | --- |
| 0.5% 酪蛋白溶液 20 滴,0.01% 溴甲酚绿 6 滴 | | |
| 0.02 mol·L$^{-1}$盐酸,边加边摇 | | |

续表

| 实验步骤 | 现象记录 | 解释原因 |
|---|---|---|
| 0.02 mol·L⁻¹ NaOH 边加边摇 | | |

**2. 酪蛋白等电点的测定**

试剂加入量如附表 3 - 2 所示。

附表 3 - 2　试剂加入量

| 管号 | 试剂 | | | | | | | | |
|---|---|---|---|---|---|---|---|---|---|
| | 1 | 2 | 3 | 4 | 5 | 6 | 7 | 8 | 9 |
| 蒸馏水/mL | 2.40 | 3.20 | — | 2.00 | 3.00 | 3.50 | 1.50 | 2.75 | 3.38 |
| 1.00 mol·L⁻¹ HAc/mL | 1.6 | 0.8 | — | — | — | — | — | — | — |
| 0.10 mol·L⁻¹ HAc/mL | — | — | 4.0 | 2.0 | 1.0 | 0.5 | — | — | — |
| 0.01 mol·L⁻¹ HAc/mL | — | — | — | — | — | — | 2.50 | 1.25 | 0.62 |
| 酪蛋白 - NaAc/mL | 1.0 | 1.0 | 1.0 | 1.0 | 1.0 | 1.0 | 1.0 | 1.0 | 1.0 |
| 溶液的最终 pH 值 | 3.5 | 3.8 | 4.1 | 4.4 | 4.7 | 5.0 | 5.3 | 5.6 | 5.9 |
| 沉淀出现情况 | | | | | | | | | |

观察每支管内溶液的浑浊度,以 -、+、+ +、+ + +、+ + + +符号表示沉淀的多少,据此观察结果,指出酪蛋白的近似等电点。

## 实验结果

酪蛋白等电点 pI = 4.7。

## 注意事项

酪蛋白等电点的测定中,为保证 9 支试管的沉淀量具有可比性,应尽量使酪蛋白 - NaAc 溶液同一时间加入,各管酪蛋白的沉淀时间近似相等。

<br>

## 实验报告范例二　定量实验

课程名称　　生物化学实验

实验名称　　底物浓度对酶促反应速度的影响——$K_m$ 值测定

操作者姓名　　　　　　班级　　　　　　日期

## 目的要求

学习脲酶 $K_m$ 值的测定方法。

## 基本原理

1913 年, Michaelis 和 Menten 推导了米氏方程:

$$v = \frac{v_{max}[S]}{K_m + [S]}$$

双倒数作图法(Lineweaver – Burk 作图法, 附图 3 – 1):

$$\frac{1}{v} = \frac{K_m}{v_{max}} \cdot \frac{1}{[S]} + \frac{1}{v_{max}}$$

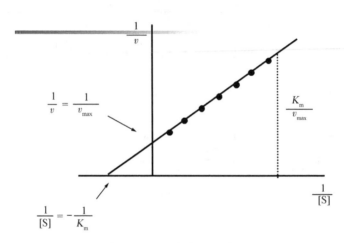

附图 3 – 1　双倒数作图法

脲酶催化下列反应:

$$(NH_2)_2CO + 2H_2O \longrightarrow (NH_4)_2CO_3$$

在碱性条件下, 碳酸铵与奈斯勒试剂作用生成橙黄色的碘化双汞铵。在一定范围内, 呈色深浅与碳酸铵量成正比。可用比色法测定单位时间内酶促反应所产生的碳酸铵量, 从而求得酶促反应速度。

## 实验记录

## 实验步骤

### 1. 水解反应

(1)取试管 5 支,编号,按附表 3 - 3 操作。

附表 3 - 3　试剂加入量(1)

| 管号 | | 1 | 2 | 3 | 4 | 5 |
|---|---|---|---|---|---|---|
| 脲液 | 浓度/(mol·L$^{-1}$) | 1/20 | 1/30 | 1/40 | 1/50 | 1/50 |
| | 加入量/mL | 0.5 | 0.5 | 0.5 | 0.5 | 0.5 |
| pH = 7 磷酸盐缓冲液/mL | | 2.0 | 2.0 | 2.0 | 2.0 | 2.0 |
| 37 ℃水浴保温/min | | 5 | 5 | 5 | 5 | 5 |
| 加入脲酶/mL | | 0.5 | 0.5 | 0.5 | 0.5 | — |
| 加入煮沸脲酶/mL | | — | — | — | — | 0.5 |
| 37 ℃水浴保温/min | | 10 | 10 | 10 | 10 | 10 |
| 加 10% ZnSO$_4$/mL | | 0.5 | 0.5 | 0.5 | 0.5 | 0.5 |
| 加蒸馏水/mL | | 10.0 | 10.0 | 10.0 | 10.0 | 10.0 |
| 加 0.5 mol·L$^{-1}$ NaOH/mL | | 0.5 | 0.5 | 0.5 | 0.5 | 0.5 |

在漩涡振荡器上混匀各管,静置 5 min 后过滤。

(2)另取试管 5 支,编号,与上述各管对应,按附表 3 - 4 加入试剂。

附表 3 - 4　试剂加入量(2)

| 管号 | 1 | 2 | 3 | 4 | 5 |
|---|---|---|---|---|---|
| 滤液/mL | 0.5 | 0.5 | 0.5 | 0.5 | 0.5 |
| 蒸馏水/mL | 9.5 | 9.5 | 9.5 | 9.5 | 9.5 |
| 10% 酒石酸钾钠/mL | 0.5 | 0.5 | 0.5 | 0.5 | 0.5 |
| 0.5 mol·L$^{-1}$ NaOH/mL | 0.5 | 0.5 | 0.5 | 0.5 | 0.5 |
| 奈斯勒试剂/mL | 1.0 | 1.0 | 1.0 | 1.0 | 1.0 |

迅速混匀各管,然后在 460 nm 下比色,光径 1 cm。

(3)制作标准曲线,按附表 3 - 5 加入试剂。

附表 3 - 5　试剂加入量(3)

| 管号 | 1 | 2 | 3 | 4 | 5 | 6 |
|---|---|---|---|---|---|---|
| 0.005 mol·L$^{-1}$(NH$_4$)$_2$SO$_4$/mL | 0 | 0.1 | 0.2 | 0.3 | 0.4 | 0.5 |
| 蒸馏水/mL | 10.0 | 9.9 | 9.8 | 9.7 | 9.6 | 9.5 |
| 10%酒石酸钾钠 | 0.5 | 0.5 | 0.5 | 0.5 | 0.5 | 0.5 |
| 0.5 mol·L$^{-1}$ NaOH/mL | 0.5 | 0.5 | 0.5 | 0.5 | 0.5 | 0.5 |
| 奈斯勒试剂/mL | 1.0 | 1.0 | 1.0 | 1.0 | 1.0 | 1.0 |

迅速混匀各管,在 460 nm 比色,绘制标准曲线。

## 结果记录

### 1. 水解反应

附表 3 - 6　记录表(1)

| $c_s$/(mol·L$^{-1}$) | 1/$c_s$ | $A_{460}$ | 相对速度 $v$ | 1/$v$ |
|---|---|---|---|---|
| 1/20 | 20 | | | |
| 1/30 | 30 | | | |
| 1/50 | 50 | | | |

### 2. 标准曲线

附表 3 - 7　记录表(2)

| (NH$_4$)$_2$SO$_4$物质的量 | | | | |
|---|---|---|---|---|
| $A_{460}$ | | | | |

## 数据处理

## 实验结果

脲酶 $K_m = 2.6 \times 10^{-2}$ mol·L$^{-1}$。

## 注意事项

1. 准确控制各管酶的反应时间,应尽量一致。

2. 按表中顺序加入各种试剂。

3. 奈斯勒试剂腐蚀性强,勿洒在试管架和实验台面上。

## 误差分析

## 思考题

除了双倒数作图法外,还有哪些方法可求得 $K_m$ 值?

参考文献

［1］王镜岩，朱圣庚，徐长法. 生物化学［M］.3 版. 北京：高等教育出版社，2002.

［2］朱玉贤，李毅，郑晓峰，等. 现代分子生物学［M］.4 版. 北京：高等教育出版社，2013.

［3］张洪渊，万海清. 生物化学［M］.3 版. 北京：化学工业出版社，2014.

［4］刘箭. 生物化学实验教程［M］. 北京：科学出版社，2004.

［5］魏群. 分子生物学实验指导［M］.3 版. 北京：高等教育出版社，2015.